精通
数据科学算法

Data Science Algorithms
in a Week

[英] 戴维·纳蒂加（David Natingga）著

封强 赵运枫 范东来 译

人民邮电出版社
北京

图书在版编目（CIP）数据

精通数据科学算法 /（英）戴维·纳蒂加
(David Natingga) 著；封强，赵运枫，范东来译. --
北京：人民邮电出版社，2019.5
ISBN 978-7-115-49816-8

Ⅰ. ①精… Ⅱ. ①戴… ②封… ③赵… ④范… Ⅲ.
①数据处理 Ⅳ. ①TP274

中国版本图书馆CIP数据核字(2018)第246378号

版 权 声 明

Copyright ©2017 Packt Publishing. First published in the English language under the title Data Science Algorithms in a Week.

All rights reserved.

本书由英国 Packt Publishing 公司授权人民邮电出版社出版。未经出版者书面许可，对本书的任何部分不得以任何方式或任何手段复制和传播。

版权所有，侵权必究。

- ◆ 著　　　　[英] 戴维·纳蒂加（David Natingga）
  - 译　　　　封　强　赵运枫　范东来
  - 责任编辑　武晓燕
  - 责任印制　焦志炜
- ◆ 人民邮电出版社出版发行　　北京市丰台区成寿寺路 11 号
  - 邮编　100164　电子邮件　315@ptpress.com.cn
  - 网址　http://www.ptpress.com.cn
  - 雅迪云印（天津）科技有限公司印刷
- ◆ 开本：720×960　1/16
  - 印张：11.25
  - 字数：193 千字　　　　　　　2019 年 5 月第 1 版
  - 印数：1 – 2 500 册　　　　　2019 年 5 月天津第 1 次印刷
  - 著作权合同登记号　图字：01-2017-9024 号

定价：59.00 元

读者服务热线：(010)81055410　印装质量热线：(010)81055316
反盗版热线：(010)81055315
广告经营许可证：京东工商广登字 20170147 号

内 容 提 要

数据科学（Data Science）是从数据中提取知识的技术，是一门有关机器学习、统计学与数据挖掘的交叉学科。数据科学包含了多种领域的不同元素，包括信号处理、数学、概率模型技术和理论、计算机编程、统计学等。

本书讲解了7种重要的数据分析方法，它们分别是k最近邻算法、朴素贝叶斯算法、决策树、随机森林、k-means聚类、回归分析以及时间序列分析。全书共7章，每一章都以一个简单的例子开始，先讲解算法的基本概念与知识，然后通过对案例进行扩展以讲解一些特殊的分析算法。这种方式有益于读者深刻理解算法。

本书适合数据分析人员、机器学习领域的从业人员以及对算法感兴趣的读者阅读。

作者简介

Dávid Natingga于2014年毕业于伦敦帝国理工学院的计算与人工智能专业,并获工程硕士学位。2011年,他在印度班加罗尔的Infosys实验室工作,研究机器学习算法的优化。2012~2013年,他在美国帕罗奥图的Palantir技术公司从事大数据算法的开发工作。2014年,作为英国伦敦Pact Coffee公司的数据科学家,他设计了一种基于顾客口味偏好和咖啡结构的推荐算法。2017年,他在荷兰阿姆斯特丹的TomTom工作,处理导航平台的地图数据。

他是英国利兹大学计算理论专业的博士研究生,研究纯数学如何推进人工智能。2016年,他在日本高等科学技术学院当了8个月的访问学者。

致　　谢

我很感谢Packt出版社为我提供的这个机会，通过本书分享我在数据科学方面的知识和经验。我由衷地感谢我的妻子Rheslyn，她的耐心、爱与支持贯穿了本书的整个写作过程。

评阅者简介

Surendra Pepakayala是一位经验丰富的技术专家和企业家，在美国和印度有超过19年的工作经验。他在印度和美国的公司担任开发人员、架构师、软件工程经理和产品经理，在构建企业/Web软件产品方面拥有丰富的经验。他同时是一位在企业/Web应用程序开发、云计算、大数据、数据科学、深度学习和人工智能方面具有深厚兴趣和专业知识的技术人员/黑客。

他在美国企业工作了11年之后成为企业家，他成立了一个公司，为美国提供BI/DSS产品。随后他出售了该公司，开始从事云计算、大数据和数据科学咨询业务，帮助初创企业和IT组织简化其开发工作，缩短产品或解决方案的上市时间。此外，Surendra还通过自己丰富的IT经验将亏损的产品/项目变得盈利，他为此感到自豪。

他同时是eTeki（一个按需采访平台）的顾问，他在面试环节的贡献使eTeki在招聘和留住世界级IT专业人员方面处于领先地位。他对CGEIT、CRISC、MSP和TOGAF等各种IT认证草案的修改建议和相关问题进行了审查。他目前的工作重点是将深度学习应用于招聘流程的各个阶段，帮助人事部门（Human Resource，HR）找到最佳人才，并减少招聘过程中的摩擦。

前　　言

数据科学是一门有关机器学习、统计学与数据挖掘的交叉学科，它的目标是通过算法和统计分析方法从现存数据中获取新知识。在本书中，你将会学习数据科学中7种重要的数据分析方法。每章将首先通过一个简单的例子解释某算法或分析某概念，然后用更多的例子与练习建立与拓展一些特殊的分析方法。

本 书 涵 盖 的 内 容

第1章，用k最近邻算法解决分类问题，基于 k 个最相似的项对数据项分类。

第2章，朴素贝叶斯，学习用贝叶斯定理来计算某个数据项属于某一个特定类的概率。

第3章，决策树，将决策准则整理、归纳成树的分支，并用一个决策树将数据项分类到叶节点所在的类中。

第4章，随机森林，用决策树集成的方式来划分数据项，通过减少偏差的负面影响来提高算法的准确率。

第5章，k-means聚类，将数据划分成 k 个簇来寻找模式和数据项之间的相似度，并应用这些模式划分新的数据。

第6章，回归分析，通过一个方程对数据进行建模，并以这种简单的方式对未知数据进行预测。

第7章，时间序列分析，通过揭示依赖时间的数据的发展趋势和重复模式来预测未来的股票市场、比特币价格和其他的时间事件。

附录A，统计，提供一个对数据科学家实用的统计方法和分析工具的概要。

附录B，R参考，涉及基本的R语言结构。

附录C，Python 参考，涉及基本的Python语言结构、整本书所用到的命令和函数。

附录D，数据科学中的算法和方法术语，提供数据科学与机器学习领域中一些非常重要并且实用的算法和方法术语。

阅 读 本 书 所 需 要 的 开 发 工 具

最重要的是，保持一个积极的态度去思考问题——许多新的知识隐藏在练习中。同时，你也需要在自己选择的系统中运行Python和R程序。本书的作者是在Linux操作系统中使用命令行来运行编程语言的。

本 书 适 合 的 读 者

本书是为熟悉 Python 和 R 语言并且有统计背景、期望成为一名数据科学专业人士的读者准备的。那些目前正在开发一两种数据科学算法，并且现在想学习更多的知识以扩展他们技能的开发人员将会发现这本书是非常有用的。

体 例 约 定

本书应用了不同的文本样式以便区别不同种类的信息。这里列举部分的示例并对其含义做出解释。文本中的代码、数据库表名、文件夹名称、文件的扩展名、路径名、虚拟 URL、用户输入和 Twitter 句柄如下所示："对于这章前面的可视化描述部分，将会用到 matplotlib 库。"

代码块如下所示:

```
import sys
sys.path.append('..')
sys.path.append('../../common')
import knn # noqa
import common # noqa
```

任意的命令行输入或者输出如下所示:

```
$ python knn_to_data.py mary_and_temperature_preferences.data
mary_and_temperature_preferences_completed.data 1 5 30 0 10
```

ⓘ 警告信息或者重要注释的标志。

TIP 温馨提示和小技巧的标志。

资源与支持

本书由异步社区出品，社区（https://www.epubit.com/）为您提供相关资源和后续服务。

配套资源

本书提供如下资源：

- 配套代码。

要获得以上配套资源，请在异步社区本书页面中单击 配套资源 ，跳转到下载界面，按提示进行操作即可。注意：为保证购书读者的权益，该操作会给出相关提示，要求输入提取码进行验证。

提交勘误

作者和编辑尽最大努力来确保书中内容的准确性，但难免会存在疏漏。欢迎您将发现的问题反馈给我们，帮助我们提升图书的质量。

当您发现错误时，请登录异步社区，按书名搜索，进入本书页面，单击"提交勘误"，输入勘误信息，单击"提交"按钮即可。本书的作者和编辑会对您提交的勘误进行审核，确认并接受后，您将获赠异步社区的100积分。积分可用于在异步社区兑换优惠券、样书或奖品。

扫码关注本书

扫描下方二维码，您将会在异步社区微信服务号中看到本书信息及相关的服务提示。

与我们联系

我们的联系邮箱是contact@epubit.com.cn。

如果您对本书有任何疑问或建议，请您发邮件给我们，并请在邮件标题中注明本书书名，以便我们更高效地做出反馈。

如果您有兴趣出版图书、录制教学视频，或者参与图书翻译、技术审校等工作，可以发邮件给我们；有意出版图书的作者也可以到异步社区在线提交投稿（直接访问www.epubit.com/selfpublish/submission即可）。

如果您是学校、培训机构或企业，想批量购买本书或异步社区出版的其他图书，也可以发邮件给我们。

如果您在网上发现有针对异步社区出品图书的各种形式的盗版行为，包括对图书全部或部分内容的非授权传播，请您将怀疑有侵权行为的链接发邮件给我们。您的这一举动是对作者权益的保护，也是我们持续为您提供有价值的内容的动力之源。

关于异步社区和异步图书

"异步社区"是人民邮电出版社旗下IT专业图书社区，致力于出版精品IT技术图书和相关学习产品，为作译者提供优质出版服务。异步社区创办于2015年8月，提供大量精品IT技术图书和电子书，以及高品质技术文章和视频课程。更多详情请访问异步社区官网https://www.epubit.com。

"异步图书"是由异步社区编辑团队策划出版的精品IT专业图书的品牌，依托于人民邮电出版社近 30 年的计算机图书出版积累和专业编辑团队，相关图书在封面上印有异步图书的LOGO。异步图书的出版领域包括软件开发、大数据、AI、测试、前端、网络技术等。

异步社区

微信服务号

目 录

C O N T E N T S

第4章 随机森林 064

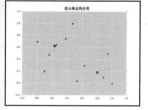

第5章 k-means聚类 089

第1章
用k最近邻算法解决分类问题

最近邻算法可以基于某数据实例的邻居来判定该实例的类型。k 最近邻算法从距离该实例最近的 k 个邻居中找出最具代表性的类型，并将其赋给该数据实例。

本章将介绍 k-NN 算法的基础知识，并通过一个简单的例子——Mary 对温度的偏好来理解和实现 k-NN 算法。在意大利的示例地图上，您将学习如何选择正确的 k 值，以使算法正确执行并达到最高的准确率。您将从房屋偏好的例子中学习如何重新调整 k-NN 算法的数值参数。在文本分类的例子中，您将学习如何选择一个好的标准来衡量数据点之间的距离，以及如何消除高维空间中不相关的维度以保证算法的正确执行。

1.1　Mary 对温度的感觉

举个例子，如果 Mary 在 10℃的时候感觉冷，但在 25℃的时候感觉热，那么在 22℃的房间里，最近邻算法猜测她会感到温暖，因为 22℃比 10℃更接近 25℃。

前面的例子可以知道 Mary 什么时候感觉到热或冷，但当 Mary 被问及是否感到热或冷时，风速也是一个影响因素，如表 1-1 所示。

表1-1

温度（℃）	风速（km/h）	Mary 的偏好
10	0	Cold
25	0	Warm
15	5	Cold
20	3	Warm
18	7	Cold
20	10	Cold
22	5	Warm
24	6	Warm

将该数据在图中表示，结果如图 1-1 所示。

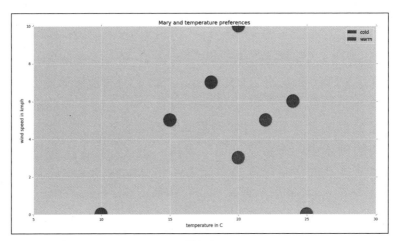

图 1-1

现在，假设用 1-NN 算法判断 Mary 处在温度为 16℃、风速为 3km/h 情况下的感觉，如图 1-2 所示。

简单起见，这里使用曼哈顿距离来度量网格上邻居节点之间的距离。节点 $N_2 = (x_2, y_2)$ 与节点 $N_1 = (x_1, y_1)$ 的曼哈顿距离 d-Man 定义为 $d_{Man} = |x_1 - x_2| + |y_1 - y_2|$。

现在用邻居间的距离来标记网格，如图 1-3 所示。看看哪个已知类型的邻居节点最接近目标节点。

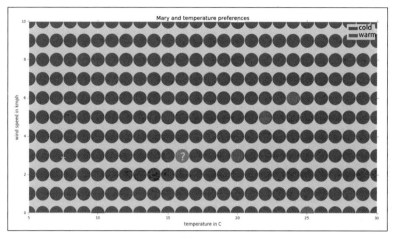

图 1-2

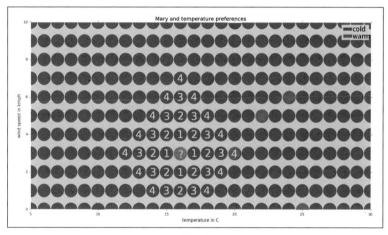

图 1-3

很明显，最近邻居（类型已知）的温度为 15℃（蓝），风速为 5km/h。它与目标节点的距离是 3 个单位，其类型是蓝色的（冷）。最接近的红色（热）邻居与目标节点相距 4 个单位。由于我们使用的是 1 邻近算法，所以我们只关注最近的一个邻居，因此目标节点的类型应该是蓝色的（冷）。

将上述过程作用于每个数据点，得到的完整图形如图 1-4 所示。

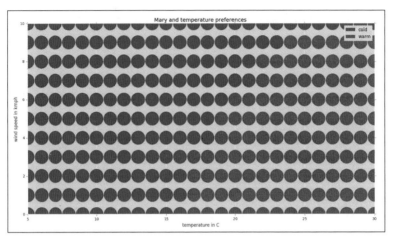

图 1-4

请注意，有时某个数据点可被两个相同距离的已知类别（20℃和
6km/h）隔开。在这种情况下，可以只选择其中一类或忽略这些边界情况。
实际结果取决于算法的实现方式。

1.2 实现 k 最近邻算法

这里用 Python 实现 k-NN 算法来查找 Mary 的温度偏好。本节的最后
还把 Mary 例子中由 k-NN 算法生成的数据可视化。完整可编译代码可以
在本书提供的源代码中找到。最重要的部分如下：

```
# source_code/1/mary_and_temperature_preferences/knn_to_data.py
# 将 knn 算法作用于输入数据
# 假定输入的文本文件通过行来分隔
# 每条数据都包含有温度、风速、类别（冷 / 热）

import sys
sys.path.append('..')
sys.path.append('../../common')
import knn # noqa
import common # noqa

# Program start
# E.g. "mary_and_temperature_preferences.data"
input_file = sys.argv[1]
```

```
# E.g. "mary_and_temperature_preferences_completed.data"
output_file = sys.argv[2]
k = int(sys.argv[3])
x_from = int(sys.argv[4])
x_to = int(sys.argv[5])
y_from = int(sys.argv[6])
y_to = int(sys.argv[7])

data = common.load_3row_data_to_dic(input_file)
new_data = knn.knn_to_2d_data(data, x_from, x_to, y_from, y_to, k)
common.save_3row_data_from_dic(output_file, new_data)
```

 # source_code/common/common.py

```
# *** 通用例程与函数的库 ***
def dic_inc(dic, key):
    if key is None:
        pass
    if dic.get(key, None) is None:
        dic[key] = 1
    else:
        dic[key] = dic[key] + 1
```

 # source_code/1/knn.py

```
# *** 实现 knn 算法的库 ***

def info_reset(info):
    info['nbhd_count'] = 0
    info['class_count'] = {}
```

```
# 通过坐标 x、y 找到邻居的类型（假如该类型是已知的）
def info_add(info, data, x, y):
    group = data.get((x, y), None)
    common.dic_inc(info['class_count'], group)
    info['nbhd_count'] += int(group is not None)
# 将使用曼哈顿距离的 k 最近邻算法应用于 2d 数据
# 数据字典的键是 2d 坐标，值是相应的类型
# x、y 是整数 2d 坐标，其范围为 [x_from, x_to] × [y_from, y_to]
def knn_to_2d_data(data, x_from, x_to, y_from, y_to, k):
    new_data = {}
    info = {}
    # 遍历整数坐标系的每个值
    for y in range(y_from, y_to + 1):
        for x in range(x_from, x_to + 1):
```

```
        info_reset(info)
        # 从0开始，计算单位距离中每个类组的邻居数，直到至少找到具有已知类的k个邻居
        for dist in range(0, x_to - x_from + y_to - y_from):
            # 计算 [x, y] 的所有邻居
            if dist == 0:
                info_add(info, data, x, y)
            else:
                for i in range(0, dist + 1):
                    info_add(info, data, x - i, y + dist - i)
                    info_add(info, data, x + dist - i, y - i)
                for i in range(1, dist):
                    info_add(info, data, x + i, y + dist - i)
                    info_add(info, data, x - dist + i, y - i)
            # 如果它们到 [x,y] 的距离是相同的，那么最近的邻居可能多于k个。
            # 当邻居数大于k个时，就从循环中跳出
            if info['nbhd_count'] >= k:
                break
        class_max_count = None
        # 从k个最近的邻居中选择出现次数最多的类型
        for group, count in info['class_count'].items():
            if group is not None and (class_max_count is None or
                count > info['class_count'][class_max_count]):
                class_max_count = group
        new_data[x, y] = class_max_count
return new_data
```

[输入]

上面的程序将使用下面的文件作为输入数据。该文件包含 Mary 对温度的已知偏好数据：

 # source_code/1/mary_and_temperature_preferences/marry_and_temperature_preferences.data

```
10  0   cold
25  0   warm
15  5   cold
20  3   warm
18  7   cold
20  10  cold
22  5   warm
24  6   warm
```

[输出]

我们在 mary_and_temperature_preferences.data 这一数据集上执行 $k=1$ 的 k-NN 算法。该算法对整数坐标系上的所有数据点进行分类，这一长方形坐标系的范围为 (30-5=25)，(10-0=10)，因此总共有 (25+1) × (10+1) 即 286 个整数点（加一个边界点数）。使用 wc 命令可以发现输出文件正好包含 286 行，每个点有一个数据项。使用 head 命令可以显示输出文件的前 10 行。下一部分将输出文件中的所有数据可视化：

```
$ python knn_to_data.py mary_and_temperature_preferences.data mary_and_
temperature_preferences_completed.data 1 5 30 0 10

$ wc -l mary_and_temperature_preferences_completed.data
286 mary_and_temperature_preferences_completed.data

$ head -10 mary_and_temperature_preferences_completed.data
7   3  cold
6   9  cold
12  1  cold
16  6  cold
16  9  cold
14  4  cold
13  4  cold
19  4  warm
18  4  cold
15  1  cold
```

[可视化]

本章前面所讲的可视化使用了 matplotlib 库。一个数据文件被加载，然后显示在一个分散的图中：

```
# source_code/common/common.py
# 返回包含 3 个 list 的 dict，分别包含 x 轴、y 轴与颜色数据
def get_x_y_colors(data):
    dic = {}
    dic['x'] = [0] * len(data)
    dic['y'] = [0] * len(data)
    dic['colors'] = [0] * len(data)
    for i in range(0, len(data)):
        dic['x'][i] = data[i][0]
```

```
        dic['y'][i] = data[i][1]
        dic['colors'][i] = data[i][2]
    return dic
```

 # source_code/1/mary_and_temperature_preferences/mary_and_temperature_preferences_draw_graph.py

```
import sys
sys.path.append('../../common')  # noqa
import common
import numpy as np
import matplotlib.pyplot as plt
import matplotlib.patches as mpatches
import matplotlib
matplotlib.style.use('ggplot')

data_file_name = 'mary_and_temperature_preferences_completed.data'
temp_from = 5
temp_to = 30
wind_from = 0
wind_to = 10

data = np.loadtxt(open(data_file_name, 'r'),
                  dtype={'names':('temperature','wind', 'perception'),
                         'formats': ('i4', 'i4', 'S4')})

# 将类转换为在图中显示的颜色
for i in range(0,len(data)):
    if data[i][2] == 'cold':
        data[i][2] = 'blue'
    elif data[i][2] == 'warm':
        data[i][2] = 'red'
    else:
        data[i][2] = 'gray'

# 将数组转换为准备绘制函数的格式
data_processed = common.get_x_y_colors(data)

# 画图
plt.title('Mary and temperature preferences')
plt.xlabel('temperature in C')
plt.ylabel('wind speed in kmph')
plt.axis([temp_from, temp_to, wind_from, wind_to])
# 将图例添加到图表
```

```
blue_patch = mpatches.Patch(color='blue', label='cold')
red_patch = mpatches.Patch(color='red', label='warm')
plt.legend (handles=[blue_patch, red_patch])
plt.scatter(data_processed['x'], data_processed['y'],
            c=data_processed['colors'], s=[1400] * len(data))
plt.show()
```

1.3　意大利地区的示例——选择 k 值

该示例数据集包含了意大利及其周围地区的一些数据点（约 1%）。蓝点代表水域，绿点代表陆地，白点代表未知类别。问题是根据已给出的部分信息来预测白色区域是代表水还是土地。

只包含 1% 地区数据的图片几乎是不见的。假如我们从意大利及周围地区获得大约为之前获得的 33 倍的数据，并将其绘制在图片中，结果如图 1-5 所示。

图 1-5

[分析]

这里可以使用 k-NN 算法来解决该问题，k 表示算法只关心目标的 k 个最近邻居。给定一个白点，如果其 k 个最近邻居大部分都代表水域，则它将被划分为水域；如果其 k 个最近邻居大部分都代表陆地，则它将被划分为陆地。算法将使用欧几里德距离：给定两个点 $X = [x_0, x_1]$ 和 $Y = [y_0, y_1]$，它们的欧几里德距离定义为 $d = \mathrm{sqrt}[(x_0 - y_0)^2 + (x_1 - y_1)^2]$。

欧几里德距离是最常用的距离度量。在一张纸上给出两个点，它们的欧几里德距离就是用尺子测出的长度，如图 1-6 所示。

图 1-6

选择一个 k 值以将 k-NN 算法应用于不完整的地区。由于目标点的类别根据其 k 个最近邻居中出现频次最高的类别来决定，因此 k 必须是奇数。下面分别将算法的 k 设为 1、3、5、7、9。

将该算法应用于不完整地区中的每个白点，得到的图如图 1-7 所示。

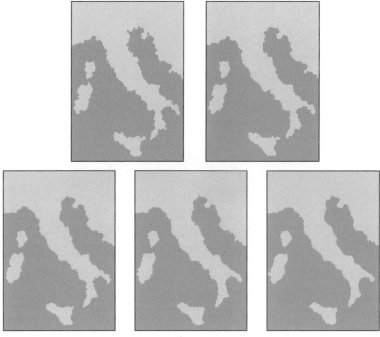

图 1-7

正如你看到的，k 值越高，结果越完整，边界越平滑。完整的意大利地区如图 1-8 所示。

图 1-8

这里可以使用真实的地图来计算错误分类点的百分比，以确定不同 k 值下 k-NN 算法的精度，如表 1-2 所示。

表 1-2

k	错误数据点的百分比
1	2.97
3	3.24
5	3.29
7	3.40
9	3.57

因此，对于这一特定类型的分类问题，k-NN 算法在 $k = 1$ 时精度最高（最小误差率）。

但是，现实生活中通常不会有完整的数据集或解决方案供你使用。此时我们需要根据不完整的可用数据来选择适合的 k 值。更多相关信息请参阅习题 1.4。

1.4 房屋所有权——数据转换

首先给出一份关于部分人的年龄、年收入以及是不是有房子的数据，如表 1-3 和图 1-9 所示。

表1-3

年龄（岁）	年收入（美元）	房屋所有权状态
23	50 000	无房者
37	34 000	无房者
48	40 000	有房者
52	30 000	无房者
28	95 000	有房者
25	78 000	无房者
35	130 000	有房者
32	105 000	有房者
20	100 000	无房者
40	60 000	有房者
50	80 000	Peter

其目的是预测 50 岁、年收入为 8 万美元的 Peter 是否拥有房屋，并是否可将其当作保险公司的潜在客户。

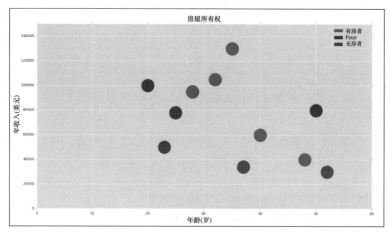

图1-9

[分析]

这里可以尝试使用 1-NN 算法来解决该问题。但是，必须注意数据点之间的距离是如何度量的，因为收入的取值范围比年龄的取值范围宽得多。11.5 万美元和 11.6 万美元相差 1000 美元。这一收入差异将导致两个数据点拥有很长的距离。但是，相对而言它们的差别其实并不大。由于这两种度量标准（年龄和年收入）都十分重要，因此可以按以下公式将数据缩放至 0~1：

缩放量＝（当前量－最小量）/（最大量－最小量）

在该例子中，这等价于：

缩放年龄＝（当前年龄－最小年龄）/（最大年龄－最小年龄）
缩放收入＝（当前收入－最小收入）/（最大收入－最小收入）

缩放之后，得到的数据如表 1-4 所示。

表 1-4

年龄（岁）	缩放后的年龄	年收入（美元）	缩放后的收入	房屋所有权状态
23	0.09375	50 000	0.2	无房者
37	0.53125	34 000	0.04	无房者
48	0.875	40 000	0.1	有房者
52	1	30 000	0	无房者
28	0.25	95 000	0.65	有房者
25	0.15625	78 000	0.48	无房者
35	0.46875	130 000	1	有房者
32	0.375	105 000	0.75	有房者
20	0	100 000	0.7	无房者
40	0.625	60 000	0.3	有房者
50	0.9375	80 000	0.5	?

现在，使用 1-NN 算法与欧几里德度量算法会发现 Peter 拥有一个房子的可能性更大。请注意，如果不进行缩放，算法会产生不同的结果。参

考习题 1.5。

1.5　文本分类——使用非欧几里德距离

现在从信息学和数学的文档中抽取"algorithm"与"computer"关键字，如表 1-5 所示。

表 1-5

"algorithm"在 1000 个词中出现的频次	"computer"在 1000 个词中出现的频次	类别
153	150	信息类
105	97	信息类
75	125	信息类
81	84	信息类
73	77	信息类
90	63	信息类
20	0	数学类
33	0	数学类
105	10	数学类
2	0	数学类
84	2	数学类
12	0	数学类
41	42	?

在信息学的文档中，"algorithm"与"computer"关键字出现的频率较高。在某些情况下，"algorithm"关键字出现在数学类文档中的频率较高，例如，涉及数论领域中欧几里德算法的文档。但由于数学在算法领域的应用往往比信息学要少，所以以"computer"这个词很少出现在数学的文档中。

现在想判断一个文档的类别，其每 1000 个字包含 41 个"algorithm"，每 1000 个字包含 42 个 "computer"，如图 1-10 所示。

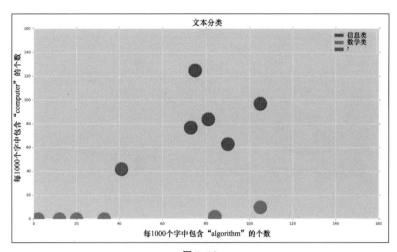

图 1-10

[分析]

使用 1-NN 算法和曼哈顿（Manhattan）或欧几里德（Euclidean）距离将导致这一类别未知的文档被归为数学类。然而，针对这一问题我们应使用不同的距离度量标准，因为该文档比其他数学类的文档拥有更多的 "computer" 关键字。

此问题的另一个候选度量标准是度量文字计数的比例或文档实例之间的角度。除了角度本身，我们还可以取角度的余弦 cos（θ），然后用已知的点积公式来计算 cos（θ）。

将 $a = (a_x, a_y)$, $b = (b_x, b_y)$ 代入公式中：

$$|a||b|\cos(\theta)=a \cdot b=a_x \cdot b_x+a_y \cdot b_y$$

得到：

$$\cos(\theta)=\frac{a_x \cdot b_x+a_y \cdot b_y}{|a||b|}$$

使用余弦距离度量，我们可以将这一类别未知的文档分类为信息类，如图 1-11 所示。

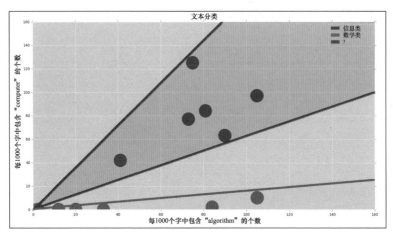

图 1-11

1.6 文本分类——更高维度的 k-NN

假设有一批类别已知的文档,现要根据它们的单词出现频次来区分其他类别未知的文档。例如,在古登堡计划中,某电子书最常用的 120 个词如表 1-6 所示。

表 1-6

1. the 8.07%	12. his 1.07%	23. all 0.71%
2. and 6.51%	13. a 1.04%	24. thou 0.69%
3. of 4.37%	14. lord 1.00%	25. thy 0.58%
4. to 1.72%	15. they 0.93%	26. was 0.57%
5. that 1.63%	16. be 0.88%	27. god 0.56%
6. in 1.60%	17. is 0.88%	28. which 0.56%
7. he 1.31%	18. him 0.84%	29. my 0.55%
8. shall 1.24%	19. not 0.83%	30. me 0.52%
9. for 1.13%	20. them 0.81%	31. said 0.50%
10. unto 1.13%	21. it 0.77%	32. but 0.50%
11. i 1.11%	22. with 0.76%	33. ye 0.50%

34. their 0.50%	63. come 0.25%	94. every 0.16%
35. have 0.49%	64. one 0.25%	95. these 0.15%
36. will 0.48%	65. we 0.23%	96. because 0.15%
37. thee 0.48%	66. children 0.23%	97. or 0.15%
38. from 0.46%	67. s 0.23%	98. after 0.15%
39. as 0.44%	68. before 0.23%	99. our 0.15%
40. are 0.37%	69. your 0.23%	100. things 0.15%
41. when 0.36%	70. also 0.22%	101. father 0.14%
42. this 0.36%	71. day 0.22%	102. down 0.14%
43. out 0.35%	72. land 0.22%	103. sons 0.14%
44. were 0.35%	74. so 0.21%	104. hast 0.13%
45. upon 0.35%	75. men 0.21%	105. David 0.13%
46. man 0.34%	76. against 0.21%	106. o 0.13%
47. you 0.34%	77. shalt 0.20%	107. make 0.13%
48. by 0.33%	78. if 0.20%	108. say 0.13%
49. Israel 0.32%	79. at 0.20%	109. may 0.13%
50. king 0.30%	80. let 0.19%	110. over 0.13%
51. son 0.30%	81. go 0.19%	111. did 0.13%
52. up 0.30%	82. hand 0.18%	112. earth 0.12%
53. there 0.29%	83. us 0.18%	113. what 0.12%
54. hath 0.28%	84. saying 0.18%	114. Jesus 0.12%
55. then 0.27%	85. made 0.18%	115. she 0.12%
56. people 0.27%	87. went 0.18%	116. who 0.12%
57. came 0.26%	88. even 0.18%	117. great 0.12%
58. had 0.25%	89. do 0.17%	118. name 0.12%
59. house 0.25%	90. now 0.17%	119. any 0.12%
60. on 0.25%	91. behold 0.17%	120. thine 0.12%
61. into 0.25%	92. saith 0.16%	
62. her 0.25%	93. therefore 0.16%	

这次的任务是设计一种度量方法，当给定每个文档的单词频率时，该方法可以准确地识别出文档间的相似程度。因此，基于已知类别的文档，k-NN 算法可以用这种度量方法对未知类别的新文档进行分类。

[分析]

假设只考虑 N 个在语料库某文档中出现频率最高的单词。然后计算该文档中这 N 个单词的出现频次，并将它们放在一个代表该文档的 N 维向量中。随后将两个文档间的距离定义为代表这些文档的两个词频矢量间的距离（例如欧几里德）。

这个解决方案的问题在于，只有一部分单词能反应书本的实际内容，而其他单词是由于语法规则或其基本含义而存在于文本中的。例如，在该电子书中最常用的 120 个单词中，每个单词的重要性都不相同，这里突出显示该电子书中出现频率特别高且具有重要意义的单词，如表 1-7所示。

表 1-7

• lord - used 1.00%	• Israel - 0.32%	• David - 0.13%
• god - 0.56%	• king - 0.32%	• Jesus - 0.12%

这些词不太可能出现在数学类文本中，但更可能出现在有关宗教的文本中。

但是，如果我们只看该电子书中最常见的 6 个词，如表 1-8 所示，那么它们就不能有效反映文本的含义。

表 1-8

• the 8.07%	• of 4.37%	• that 1.63%
• and 6.51%	• to 1.72%	• in 1.60%

上面这批单词在数学、文学或其他学科有关的文本中都具有相似的词频。其间的差异可能主要来自写作风格的不同。

因此，为了确定两个文档之间的相似距离，只需要关注重要单词的出现频次即可。我们应尽量减少其他无关紧要的单词对最终分类结果的影响。现在要做的就是选择重要的单词（维度）来对语料库中的文档进行分类。请参考习题 1.6。

1.7　小结

　　k 最近邻算法是一种分类算法，该算法从距离某数据点最近的 k 个邻居中找出最具代表性的类型，并将其赋给该数据点。两点之间的距离用某种方式来度量。距离的度量方式包括：欧几里德距离、曼哈顿距离、闵可夫斯基距离、汉明距离、马氏距离、谷本距离、杰卡德距离、切线距离和余弦距离。包含各种参数和交叉验证的实验可以帮助确定参数 k 的值和哪种度量方式应该被使用。

　　数据点在空间中的维度和位置由其性质所决定。维度越高，k-NN 算法的精度可能越低，而消减重要性相同的维度可以提高算法精度。同样，为了进一步提高精度，每个维度的距离应根据维度品质的重要性进行缩放。

1.8　习题

　　1．Mary 和她对温度的偏好。想象一下，现在知道 Mary 在 -50℃ 时感到冷，在 20℃ 时感觉到温暖。当温度分别为 22℃、15℃、-10℃ 时，1-NN 算法会认为 Mary 感到冷还是热？这个算法能否正确预测 Mary 对温度的感觉？如果没有，请给出原因，并说明算法为什么没有给出正确的结果，以及为了使算法的分类效果更好还需要哪些改进。

　　2．Mary 和她对温度的偏好。当 $k>1$ 时，1-NN 算法会比 k-NN 算法效果更好吗？

　　3．Mary 和她对温度的偏好。更多的数据表明，Mary 在 17℃ 时感到温暖，但是在 18℃ 时感觉冷。按照常识，Mary 应该在更高的温度时才会感到温暖。能解释一下可能导致数据发生偏差的原因吗？如何改进对数据的分析？是否应该收集一些非温度数据？假设只有温度数据可用，那么基于这样的数据，1-NN 算法仍然可以产生较好的结果吗？如何选择 k 值使 k-NN 算法产生更好的效果？

　　4．意大利地图——选择 k 的值。我们在该问题中使用了意大利的局部地图。但是，假设完整的地图数据不可用，此时不能计算由不同 k 值导致的算法误差率。如何选择 k-NN 算法的 k 值以实现算法精度最大化？

5．房屋所有权。使用与房屋所有权问题有关的部分数据，使用欧几里德度量标准找到 Peter 最近的邻居：

（a）使用未缩放数据；

（b）使用缩放数据。

（a）与（b）计算得到的邻居是否相同？哪一个邻居拥有房子？

6．文本分类。假设想在古腾堡的语料库中，使用特定度量标准和 1-NN 算法，找到与某本书（例如圣经）相似的书籍或文档。如何设计两个文档间相似距离的度量标准？

[分析]

1．相对于 -50℃ 而言，8℃ 更接近 20℃。因此，在 -8℃ 时，该算法认为 Mary 应该感到温暖。但通过常识可知，这很可能是不正确的。在更复杂的例子中，由于缺乏专业知识，人们会被分析结果误导，从而得出错误的结论。但请记住，数据科学家不仅利用数据分析，同时还会利用实质性的专家知识。因此，对问题和数据的深入理解是得出好结论的关键。

该算法进一步会说，在 22℃ 时，Mary 会感到温暖。毫无疑问的是，22℃ 高于 20℃，人们会感觉温度更高更温暖。接下来，根据常识来判断对错。算法会认为 Mary 处于 15℃ 时会感觉温暖，但常识告诉我们这可能是不对的。

应该收集更多的数据使算法产生更好的结果。例如，如果已知 Mary 在 14℃ 时感到寒冷，那么现有一个非常接近 15℃ 的数据实例，可以更确定地认为 Mary 在此温度下会感到寒冷。

2．上面处理的数据其实只包含一个维度，可被分为寒冷和温暖两类，并具有以下特性：环境温度越高，人感觉越暖和。即使知道 Mary 在 -40℃、-39℃、……、39℃、40℃ 的温度下的感受，但数据实例仍然非常有限——每摄氏度只有一个值。出于这些原因，我们最好只关注一个最近的邻居。

3．数据的差异可能是由实验偏差导致的。这可以通过多次实验来缓解。

除了偏好之外，还有一些其他因素会影响到 Mary 的感受：比如风速、湿度、阳光。无论在潮湿或干燥的环境中，如果 Mary 穿上牛仔裤，只穿无袖上衣或者一件泳衣，那么她会觉得非常温暖。把一些额外的维度（风速和穿着方式）添加到代表数据点的向量中，会为算法提供更多、更好的数据。因此，算法也可以取得比预期更好的结果。

如果只有温度数据，但数据量较多（例如，每摄氏度有 10 个已知类别的数据实例），那么可以增加 k 值并且基于更多的邻居来提高算法精度，而这完全依赖于数据的可用性。这里可以对算法进行修改，使其基于某个数据点一定距离内的所有邻居来区分该数据点的类别，而不是只看 k 个最近邻居。如果在短距离内有大量数据，即使只有一个类别已知的数据实例靠近类别未知的实例，修改后的算法也能正常工作。

4．为此可以使用交叉验证（请参考附录 A 中的统计交叉验证部分）确定使算法达到最高精度的 k 值。可将意大利部分地区的可用数据分为测试集和训练集。例如，将地图上 80% 类别已知的像素作为 k-NN 算法的训练集，以完善整个地图。然后，将地图中剩余的 20% 作为测试集，以计算通过 k-NN 算法得出的具有正确分类的像素百分比。

5．（a）使用未缩放数据，距 Peter 最近的邻居，其年收入为 7.8 万美元，年龄为 25 岁。这个邻居没有房子。

（b）使用缩放数据，距 Peter 最近的邻居，其年收入 6 万美元，年龄40 岁。这个邻居拥有房子。

6．为了设计一种能精确测量两个文档间相似距离的度量，我们必须选择重要词汇以形成文档频率向量的各个维度。对于那些不能确定文档语义的单词，它们往往在所有文档中都具有大致相似的出现频次。因此，我们可以生成一个文档中单词的相对频次列表。例如，可以使用如下定义：

$$relative\_frequency\_coun(word, document) = \frac{frequency\_coun(word, document)}{frequency\_coun(word, whole\_document)}$$

然后，一篇文档可用 N 个具有最高相对出现频次的单词组成的 N 维向量表示。相对于由 N 个具有最高频次单词组成的向量而言，这种向量由更重要的单词组成。

第 2 章
朴素贝叶斯

朴素贝叶斯分类算法基于贝叶斯定理对集合中的元素进行分类。

A 和 B 是概率事件。$P(A)$ 表示 A 为真的概率。$P(A \mid B)$ 表示 B 为真时，A 为真的条件概率。贝叶斯定理如下所示：

$$P(A|B)=(P(B|A) * P(A))/P(B)$$

在 $P(B)$ 和 $P(B \mid A)$ 概率未知时，$P(A)$ 是 A 为真的先验概率。在考虑到 B 为真的附加条件后，$P(A \mid B)$ 是 A 为真的后验概率。

本章将学习以下内容：

- 在一个简单的医疗检查例子中，如何以基本的方式使用贝叶斯定理来计算医疗检查的准确率；
- 通过证明贝叶斯定理及扩展来认识其理论本质；
- 在考虑独立与非独立变量的情况下，如何将贝叶斯定理用于西洋棋游戏；
- 在实现朴素贝叶斯分类器章节中，基于贝叶斯定理，用 Python 实现一个用于计算后验概率的算法；
- 本章的最后，通过解决一个实际问题来判断在何时使用贝叶斯定理作为分析方法是合理的，以验证读者的学习效果。

2.1 医疗检查——贝叶斯定理的基本应用

患者要进行一项特殊的癌症检测，其准确性 *test_accuracy* = 99.9%：如果检测结果为阳性，那么 99.9% 的受检患者将患上特殊类型的癌症；若结果为阴性，则表示 99.9% 的患者不会患癌症。

假设一名患者进行了测试并且测试结果呈阳性。该患者患有特殊类型癌症的概率是多少？

[分析]

这里将使用贝叶斯定理找出患者患有癌症的概率：

$$P(cancer|test\_positive)=$$

$$(P(test\_positive|cancer) * P(cancer))/P(test\_positive)$$

要知道患者患有癌症的先验概率，必须先了解癌症在人群中发生的频率。假设已知 10 万人中有 1 人患有这种癌症。那么 $P(cancer)$ = 1 / 100 000。测试的准确率为 $P(test\_positive | cancer)$= $test\_accuracy$ = 99.9%= 0.999。

计算 $P(test\_positive)$：

$P(test\_positive)=P(test\_positive|cancer) * P(cancer)+P(test\_positive|no\_cancer) * P(no\_cancer)$= $test\_accuracy * P(cancer)+(1-test\_accuracy) * (1-P(cancer))$= $2 * test\_accuracy * P(cancer)+1-test\_accuracy-P(cancer)$

因此，通过如下公式计算：

$P(cancer|test\_positive)$ = $(test\_accuracy * P(cancer))/(2 * test\_accuracy * P(cancer)+1-test\_accuracy - P(cancer))$= 0.999 × 0.00001 / (2 × 0.999 × 0.00001 + 1 − 0.999-0.00001)= 0.00989128497，接近 1%

所以，即使检查结果为阳性，同时检查的准确率达到了 99.9%，该患者患有特殊类型癌症的概率也只有大约 1%。与检查的高准确率相比，经过这种检查后患癌症的可能性相对较小，但是远高于检测前基于人群的统计结果（0.001%）。

2.2　贝叶斯定理的证明及其扩展

贝叶斯定理说明如下：

$$P(A|B)=[P(B|A) * P(A)]/P(B)$$

现在可以用基本集合论与事件 A、事件 B 的概率空间来证明这个定理。

也就是说，这里的概率事件将被定义为概率空间中可能结果的集合，如图 2-1 所示。

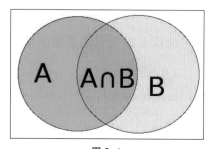

图 2-1

基于图 2-1 可以得出以下公式：

$$P(A|B)=P(A \cap B)/P(B)$$

$$P(B|A)=P(A \cap B)/P(A)$$

重新排列这些关系，得到以下结论：

$$P(A \cap B)=P(A|B)*P(B)$$

$$P(A \cap B)=P(B|A)*P(A)$$

$$P(A|B)*P(B)=P(B|A)*P(A)$$

事实上，这就是贝叶斯定理：

$$P(A|B)=P(B|A)*P(A)/P(B)$$

贝叶斯定理得到了证明。

贝叶斯定理的扩展

我们可以基于更多的概率事件来扩展贝叶斯定理。假设事件 $B_1, \cdots, B_n$ 在给定 A 的条件下是独立的，$\sim A$ 与 A 是互补的，那么：

$P(A|B_1, \cdots, B_n) = P(B_1, \cdots, B_n|A) * P(A) / P(B_1, \cdots, B_n) = [P(B_1|A) * \cdots * P(B_n|A) * P(A)] / [P(B_1|A) * \cdots * P(B_n|A) * P(A) + P(B_1|\sim A) * \cdots * P(B_n|\sim A) * P(\sim A)]$

证明：

由于事件 $B_1,\cdots,B_n$ 是条件独立的（给定 A 或 $\sim A$），可得：

$$P(B_1,\cdots,B_n|A)=P(B_1|A) * \cdots * P(B_n|A)$$

应用贝叶斯定理和既成事实，可得：

$P(A|B_1,\cdots,B_n) = P(B_1,\cdots,B_n|A) * P(A) / P(B_1,\cdots,B_n) = P(B_1|A) * \cdots * P(B_n|A) * P(A) / [P(B_1,\cdots,B_n|A) * P(A)+P(B_1,\cdots,B_n|\sim A) * P(\sim A)] = [P(B_1|A) * \cdots * P(B_n|A) * P(A)] / [P(B_1|A) * \cdots * P(B_n|A) * P(A) + P(B_1|\sim A) * \cdots * P(B_n|\sim A) * P(\sim A)]$

证毕。

2.3　西洋棋游戏——独立事件

假设现有一张数据表反映了在户外公园进行西洋棋游戏的条件，如表 2-1 所示。

表 2-1

温度	风速	天气	是否下棋
Cold	Strong	Cloudy	No
Warm	Strong	Cloudy	No
Warm	None	Sunny	Yes
Hot	None	Sunny	No
Hot	Breeze	Cloudy	Yes
Warm	Breeze	Sunny	Yes
Cold	Breeze	Cloudy	No
Cold	None	Sunny	Yes
Hot	Strong	Cloudy	Yes
Warm	None	Cloudy	Yes
Warm	Strong	Sunny	?

在公园里温度适中、风速很强而且是天气晴朗的条件下，使用贝叶斯定理确定能否进行西洋棋游戏。

在这种情况下，温度、风速和日照强度是独立的随机变量。扩展后的贝叶斯定理如下所示：

$$P(Play=Yes|Temperature=Warm,Wind=Strong,$$
$$Sunshine=Sunny)=R/(R+\sim R)$$

其中，$R = P(Temperature=Warm|Play=Yes) * P(Wind=Strong|Play=Yes)$
$* P(Sunshine=Sunny|Play=Yes) * P(Play=Yes)$，

$\sim R = P(Temperature=Warm|Play=No) * P(Wind=Strong|Play=No) *$
$P(Sunshine=Sunny|Play=No) * P(Play=No)$

统计表中所有结果已知的数据条数，以确定各个事件的独立概率。

$P(Play=Yes)= 6/10 = 3/5$，因为有 10 条完整的数据，其中 6 条数据的 Play 属性是 Yes。

$P(Temperature = Warm | Play = Yes)= 3/6 = 1/2$，在 Play 属性为 Yes 的 6 条数据中有 3 条的 Temperature 属性为 Warm。同理可得：

$$P(Wind=Strong|Play=Yes)=1/6 \ P(Sunshine=Sunny|Play=Yes)=3/6= 1/2$$
$$P(Play=No)=4/10=2/5 \ P(Temperature=Warm|Play=No)=1/4$$
$$P(Wind=Strong|Play=No)=2/4=1/2 \ P(Sunshine=Sunny|Play= No)=1/4$$
$$R=(1/2)\times(1/6)\times(1/2)\times(3/5)=1/40$$
$$\sim R=(1/4)\times(1/2)\times(1/4)\times(2/5)=1/80$$
$$P(Play=Yes|Temperature=Warm,Wind=Strong,Sunshine=Sunny)$$
$$= R/(R+\sim R)=2/3\approx67\%$$

因此，在上述天气条件下可在公园里下棋的概率约为 67%。由于概率超过了 50%，因此可将数据向量 (*Temperature=Warm, Wind=Strong, Sunshine=Sunny*) 归类为 *Play = Yes*。

2.4　朴素贝叶斯分类器的实现

我们基于贝叶斯定理实现了计算一个数据项属于某个类的概率的程序。

```
# source_code/2/native_bayes.py
# 程序读取CSV文件并返回未知类别数据的贝叶斯分类概率
# 输入的CSV文件格式如下
```

```
# 1. 每一行的元素应该以逗号分隔
# 2. 第一行数据应为数据的列名
# 3. 除第一行外其余行包含数据本身, 包括完整与不完整的数据
# 那些带标签的且没有空值的数据就是完整数据。最后一列为 "?" 的就是不完整数据
# 请在 chess.csv 脚本上运行该程序, 以便加深理解:
# $ python native_bayes.py chess.csv

import imp
import sys
sys.path.append('../common')
import common          # noqa

# 计算并返回某行不完整数据的贝叶斯概率。complete_data 用于计算条件概率以预测不完
# 整的数据
def bayes_probability(heading, complete_data, incomplete_data, enquired_
column):
    conditional_counts = {}
    enquired_column_classes = {}
    for data_item in complete_data:
        common.dic_inc(enquired_column_classes,data_item[enquired_column])
        for i in range(0, len(heading)):
            if i != enquired_column:
                common.dic_inc(
                    conditional_counts, (
                        heading[i], data_item[i],
                        data_item[enquired_column]))

    completed_items = []
    for incomplete_item in incomplete_data:
        partial_probs = {}
        complete_probs = {}
        probs_sum = 0
        for enquired_group in enquired_column_classes.items():
            # B_1 ,...,B_n 是条件变量, 在查询变量 A 上计算 P(A)*P(B_1 |A)*P(B_2 |A)*...*P(B_n
            # |A) 的概率
            probability = float(common.dic_key_count(
                enquired_column_classes,
                enquired_group[0])) / len(complete_data)
            for i in range(0, len(heading)):

                if i != enquired_column:
                    probability = probability * (float(
                        common.dic_key_count(
```

```
                            conditional_counts, (
                                heading[i], incomplete_item[i],
                                enquired_group[0]))) / (
                        common.dic_key_count(enquired_column_classes,
                                        enquired_group[0])))
            partial_probs[enquired_group[0]] = probability
            probs_sum += probability

        for enquired_group in enquired_column_classes.items():
            complete_probs[enquired_group[0]
                            ] = partial_probs[enquired_group[0]
                                            ] / probs_sum
            incomplete_item[enquired_column] = complete_probs
            completed_items.append(incomplete_item)
        return completed_items
```

 # Program start
```
if len(sys.argv) < 2:
    sys.exit('Please,input as an argument the name of the CSV file.')

(heading, complete_data, incomplete_data,
enquired_column) = common.csv_file_to_ordered_data(sys.argv[1])
```

`# 计算不完整数据的贝叶斯概率，并输出`
```
completed_data = bayes_probability(
    heading,complete_data,incomplete_data,enquired_column)
print completed_data
```

 # source_code/common/common.py
`# 递增字典中的整数值`
```
def dic_inc(dic, key):
    if key is None:
        pass
    if dic.get(key, None) is None:
        dic[key] = 1
    else:
        dic[key] = dic[key] + 1

def dic_key_count(dic, key):
    if key is None:
        return 0
    if dic.get(key, None) is None:
        return 0
```

```
    else:

        return int(dic[key])
```

[输入]
西洋棋游戏中的数据表格如表 2-2 的 CSV 所示。

表 2-2

```
source_code/2/naive_bayes/chess.csv
Temperature,Wind,Sunshine,Play
Cold,Strong,Cloudy,No
Warm,Strong,Cloudy,No
Warm,None,Sunny,Yes
Hot,None,Sunny,No
Hot,Breeze,Cloudy,Yes
Warm,Breeze,Sunny,Yes
Cold,Breeze,Cloudy,No
Cold,None,Sunny,Yes
Hot,Strong,Cloudy,Yes
Warm,None,Cloudy,Yes
Warm,Strong,Sunny,?
```

[输出]
将文件 chess.csv 作为 Python 程序的输入，计算某一数据（Temperature=Warm，Wind=Strong，Sunshine=Sunny）在文件中的分类概率：*Play=Yes* 和 *Play=No*。该数据属于 *Play=Yes* 这一类的概率较高，与直觉相符。因此，可将数据归到该类中：

```
$ python naive_bayes.py chess.csv
[
    ['Warm', 'Strong', 'Sunny', {
        'Yes': 0.6666666666666666,
        'No': 0.33333333333333337
    }]
]
```

2.5 西洋棋游戏——相关事件

假设想再次判断能否在英国剑桥的公园中玩西洋棋游戏。但是，这一次的输入数据与上次不同，输入如表 2-3 所示。

表 2-3

温度	风速	季节	是否下棋
Cold	Strong	Winter	No
Warm	Strong	Autumn	No
Warm	None	Summer	Yes
Hot	None	Spring	No
Hot	Breeze	Autumn	Yes
Warm	Breeze	Spring	Yes
Cold	Breeze	Winter	No
Cold	None	Spring	Yes
Hot	Strong	Summer	Yes
Warm	None	Autumn	Yes
Warm	Strong	Spring	?

所以，不同的输入数据对结果的影响如何呢？

[分析]

当用贝叶斯定理计算在公园里下棋的概率时，你应该额外小心，必须注意概率事件是否相互独立。

先前的例子中使用了贝叶斯概率，其概率变量为温度、风速和日照强度。这些变量是相对独立的。由常识可知，特定的温度或日照强度与特定的风速没有强相关性。一般而言，晴朗的天气会导致更高的气温，但即使气温很低，晴朗的天气也很常见。因此，日照强度和温度应作为独立的随机变量用于贝叶斯定理。

然而，在这个例子中，气温和季节紧密相关，特别是在像英国这样的地方，去公园下棋的计划就会被搁置了。英国的气温与靠近赤道的地区不同，其在一年中气温的差别很大。冬天寒冷，夏天炎热。春季和秋季介于二者之间。

因此，我们不能将贝叶斯定理用于随机变量相互依赖的场景中。但是，我们仍然可以使用贝叶斯定理对局部数据进行分析。将因变量间的相关性充分消除后，余下的变量是相互独立的。由于温度是比季节更具体的变量，且这两个变量是相关的，所以这里只保留温度变量。剩下的两个变量，温度和风是相互独立的。

因此，整理后的数据如表 2-4 所示。

表 2-4

温度	风速	是否下棋
Cold	Strong	No
Warm	Strong	No
Warm	None	Yes
Hot	None	No
Hot	Breeze	Yes
Warm	Breeze	Yes
Cold	Breeze	No
Cold	None	Yes
Hot	Strong	Yes
Warm	None	Yes
Warm	Strong	?

这里可以保留重复的行，因为它们能证明某些特殊数据会重复出现。

[输入]

将表格保存为 CSV 格式：

 # source_code/2/chess_reduced.csv

```
Temperature,Wind,Play
Cold,Strong,No
Warm,Strong,No
Warm,None,Yes
Hot,None,No
Hot,Breeze,Yes
Warm,Breeze,Yes
Cold,Breeze,No
Cold,None,Yes
Hot,Strong,Yes
Warm,None,Yes
Warm,Strong,?
```

[输出]

将上述 CSV 文件输入到 naive_bayes.py 程序中，可得以下结果：

```
python naive_bayes.py chess_reduced.csv
[['Warm', 'Strong', {'Yes': 0.49999999999999994, 'No': 0.5}]]
```

属于 Yes 类的概率是 50%。该浮点型数据使用 Python 的非精确算法得到，因此有数值差异。属于 No 类的概率同样是 50%。因此，无法基于向量（暖，强）的数据得出合理的结论。但是，我们很容易发现该向量已经出现在表中，类别为 No。因此，我们可以猜测这个向量应该恰好属于 No 类。为了获得更大的统计置信度，模型需要更多的数据或更多的自变量。

2.6 性别分类——基于连续随机变量的贝叶斯定理

目前已经给出的概率事件中，其类别数量都是有限的。例如，温度被分类为冷、温或热。但如果温度以℃为单位表示，应如何计算后验概率呢？

举个例子，5 个男人和 5 个女人的身高如表 2-5 所示。

表 2-5

身高（cm）	性别
180	Male
174	Male
184	Male
168	Male
178	Male
170	Female
164	Female
155	Female
162	Female
166	Female
172	?

假设某个人的身高是 172cm，那这个人的性别是什么？

[分析]

解决这个问题的一种方法是将数据离散化，例如，身高在 170cm~179cm 之间的人将被划分为同一类。通过这种方法得到的类型将会十分广泛，例如以厘米划分身高范围，或者以更精确的方式将小部分成员划分到某一类中，贝叶斯不能很好地作用于这类数据。类似地，使用这种方法同样无法分辨属于 [170,180）cm 和 [180,190）cm 这两个区间的人是否比属于 [170,180）cm 和 [190,200）cm 这两个区间的人相似度更高。

这里先回顾一下贝叶斯的公式：

$$P(male|height)=P(height|male)*P(male)/P(height)$$
$$=P(height|male)*P(male)/[P(height|male)*P(male)$$
$$+P(height|female)*P(female)]$$

在上面的最终表达式中，为了获得某个人属于男或女的正确概率，省去了标准化 *P(height|male)* 和 *P(height)* 的步骤。

假定人的身高服从正态分布，那么可以用正态概率分布来计算 *P(male|height)* 的值。假设 *P(male)=0.5*，也就是说，被测人员的性别类型是同概率的。正态概率分布由总体的均值 μ 和方差 σ^2 确定：

$$f(x|\mu,\sigma^2)=\frac{e^{\frac{-(x-\mu)^2}{2\sigma^2}}}{\sqrt{2\sigma^2\pi}}$$

性别	身高平均值（cm）	身高方差
Male	176.8	37.2
Female	163.4	30.8

计算如下：

P(height=172|male)=exp[−(172−176.8)²/(2×37.2)]/[sqrt(2×37.2×π)]
=0.647 989 629 99

P(height=172|female)=exp[−(172−163.4)²/(2×30.8)]/[sqrt(2×30.8×π)]
=0.021 637 113 33

请注意，这些不是概率，而只是概率密度函数的值。然而，从这些数

值中可以看出，身高 172cm 的人更可能是男性，因为 $P(height=172|male)$ $>P(height=172|female)$。更确切地说：

$$P(male|height=172)=P(height=172|male)*P(male)/[P(height=172|male)$$
$$*P(male)+P(height=172|female)*P(female)]=0.047\ 989\ 629\ 99×0.5/$$
$$(0.047\ 989\ 629\ 99×0.5+0.021\ 637\ 113\ 33×0.5)=0.689\ 241\ 341\ 78≈68.9\%$$

因此，测量身高是 172cm 的人为男性的概率为 68.9%。

2.7 小结

贝叶斯定理如下：

$$P(A|B)=(P(B|A)*P(A))/P(B)$$

这里，$P(A|B)$ 是 B 为真时 A 为真的条件概率。在新给出一个其他概率事件的观察值后，该数据可被用来更新 A 为真的概率。这个理论可以扩展到具有多个随机变量的情景：

$$P(A|B_1,\cdots,B_n)=[P(B_1|A)*\cdots*P(B_n|A)*P(A)]/[P(B_1|A)*\cdots*P(B_n|A)*P(A)$$
$$+P(B_1|{\sim}A)*\cdots*P(B_n|{\sim}A)*P({\sim}A)]$$

对于 A 而言，随机变量 $B_1,\cdots,B_n$ 必须是条件独立的。随机变量可以是离散或连续的，并遵循某种概率分布，例如正态（高斯）分布。

对于随机变量是离散的情形，最好通过收集足够多的数据来确保覆盖到所有的场景（A 的值）。

更多的独立随机变量可以得到更准确的后验概率。然而，必须注意变量中的依赖关系，因为这将会导致最终结果不准确。我们可以消除一些相关的因变量，而只考虑相互独立的变量，或考虑将另一种算法作为解决数据科学问题的方法。

2.8 习题

1．某个病人被检测出感染了 V 病毒，该测试的准确率是 98%。目前在患者所处地区，100 人中有 4 人感染了该病毒。

（a）如果检测结果为阳性，那么该病人感染 V 病毒的可能性是多少？

（b）如果检测结果为阴性，那么该病人仍患上这种疾病的概率是多少？

2．除了评估患有 V 病毒的患者（问题 2.1）外，医生通常还使用该测试检查其他症状。据医生介绍，在发烧、恶心、腹部不适和等症状的病人中，大约有 85% 的人患 V 病毒。

（a）如果某患者出现上述症状且检测结果呈阳性，那他感染 V 病毒的可能性是多少？

（b）如果某患者出现上述症状但检测结果呈阴性，那他感染 V 病毒的可能性是多少？

3．在某个岛上，有二分之一的海啸发生在地震之后。过去 100 年来共发生 4 次海啸和 6 次地震。一个地震台记录了在海岛附近的海洋中发生的一次地震。由这次导致海啸的概率是多少？

4．对患者进行 4 项独立的医学检测，如表 2-6 所示，以确定他们是否患病。

表 2-6

检测 1 是否正面	检测 2 是否正面	检测 3 是否正面	检测 4 是否正面	是否患病
Yes	Yes	Yes	No	Yes
Yes	Yes	No	Yes	Yes
No	Yes	No	No	No
Yes	No	No	No	No
No	No	No	No	No
Yes	Yes	Yes	Yes	Yes
Yes	No	Yes	Yes	Yes
No	Yes	No	No	No
No	No	Yes	Yes	No
Yes	Yes	No	Yes	Yes
Yes	No	Yes	No	Yes
Yes	No	No	Yes	Yes
No	Yes	Yes	No	?

现有一个新的病人，第二个和第三个检测是正面的，第一个和第四个检测是负面的。那他患病的概率是多少？

5. 表2-7是一个电子邮件包含的单词以及它是否是垃圾邮件的数据表格。

（a）给予一个包含"金钱""富有"和"秘密"，但不包含"自由"和"调皮"的电子邮件，朴素贝叶斯算法会将其分为哪一类？

（b）算法的结果正确吗？这里使用朴素贝叶斯算法对电子邮件进行分类是一个好方法吗？请给出证据证明你的观点。

表2-7

金钱	自由	富有	调皮	秘密	是否为垃圾邮件
No	No	Yes	No	Yes	Yes
Yes	Yes	Yes	No	No	Yes
No	No	No	No	No	No
No	Yes	No	No	No	Yes
Yes	No	No	No	No	No
No	Yes	No	Yes	Yes	Yes
No	Yes	No	Yes	No	Yes
No	No	No	Yes	No	Yes
No	Yes	No	No	No	No
No	No	No	No	Yes	No
Yes	Yes	Yes	No	Yes	Yes
Yes	No	No	No	Yes	No
No	Yes	Yes	No	No	No
Yes	No	Yes	No	Yes	?

6. 性别分类。假设现在给出了10个人的相关数据，如表2-8所示。

7. 身高172cm，体重60kg，长头发的人是男性的概率是多少？

[分析]

1. 患者接受检测前，患病的概率是4%，P（$virus$）= 4% = 0.04。检测的准确率 $test\_accuracy$ = 98% = 0.98。将数值代入相应的公式中：

表 2-8

身高（cm）	体重（kg）	头发长度	性别
180	75	Short	Male
174	71	Short	Male
184	83	Short	Male
168	63	Short	Male
178	70	Long	Male
170	59	Long	Female
164	53	Short	Female
155	46	Long	Female
162	52	Long	Female
166	55	Long	Female
172	60	Long	?

$P(test\_positive)=P(test\_positive|virus)*P(virus)$

$+P(test\_positive|virus)*P(no\_virus)=test\_accuracy*P(virus)$

$+(1-test\_accuracy)*(1-P(virus))=2*test\_accuracy*P(virus)$

$+1-test\_accuracy-P(virus)$

因此，我们有以下几点。

（a）

$P(virus|test\_positive)=P(test\_positive|virus)*P(virus)/P(test\_positive)$

$=test\_accuracy*P(virus)/P(test\_positive)=test\_accuracy*P(virus)/$

$[2*test\_accuracy*P(virus)+1-test\_accuracy-P(virus)]=0.98\times0.04/$

$[2\times0.98\times0.04+1-0.98-0.04]=0.671\,232\,876\,71\approx67\%$

因此，如果检测结果是阳性的，那么该患者患 V 病毒的可能性大约为 67%。

（b）

$P(virus|test\_negative)=P(test\_negative|virus)*P(virus)/P(test\_negative)$

$=(1-test\_accuracy)*P(virus)/[1-P(test\_positive)]=(1-test\_accuracy)$

$*P(virus)/[1-2*test\_accuracy*P(virus)-1+test\_accuracy+P(virus)]$

$=(1-test\_accuracy)*P(virus)/[test\_accuracy+P(virus)-2*test\_accuracy$

$*P(virus)]=(1-0.98)\times0.04/[0.98+0.04-2\times0.98\times0.04]=0.000\,849\,617\,672\approx0.08\%$

如果检测结果为阴性，病人仍然患有 V 病毒的概率为 0.08%。

2．这里，在病人是否患有 V 病毒的场景中，假定其病症和检测结果为阳性是条件独立的事件。那有以下变量：

$$P(virus)=0.04$$

$$test\_accuracy=0.98$$

$$symptoms\_accuracy=85\%=0.85$$

由于现有两个独立的随机变量，可使用一个扩展的贝叶斯定理：

（a）

让 $R=P(test\_positive|virus)*P(symptoms|virus)*P(virus)$

$=test\_accuracy*symptoms\_accuracy*P(virus)$

$=0.98×0.85×0.04=0.033\ 32$

$\sim R=P(test\_positive|\sim virus)*P(symptoms|\sim virus)*P(\sim virus)$

$=(1-test\_accuracy)*(1-symptoms\_accuracy)*(1-P(virus))$

$=(1-0.98)×(1-0.85)×(1-0.04)=0.002\ 88$

所以，$P(virus|test\_positive,\ symptoms)=R/(R+\sim R)$

$=0.033\ 32/(0.033\ 32+0.002\ 88)=0.920\ 441\ 988\ 95≈92\%.$

所以，如果某患者表现出患有 V 病毒的症状，同时其病毒检测结果为阳性，那他患病概率约为 92%。

> ⓘ 请注意，在上一个问题中，如果检测结果为阳性，那么患者仅有约 67%的概率患有该疾病。但增加症状评估这一独立随机变量后，即使其准确率仅为85%，该结果的置信度也增加到92%。这意味着，为了获得具有更高准确率与置信度的后验概率，在计算时添加尽可能多的独立随机变量通常是一个好主意。

（b）此时，某患者表现出患有 V 病毒的症状，但是病毒检测结果为阴性。因此：

$R=P(test\_negative|virus)*P(symptoms|virus)*P(virus)$

$=(1-test\_accuracy)*symptoms\_accuracy*P(virus)$

$=(1-0.98)×0.85×0.04=0.000\ 68$

$\sim R = P(test\_negative|\sim virus) * P(symptoms|\sim virus) * P(\sim virus)$

$= test\_accuracy * (1 - symptoms\_accuracy) * (1 - P(virus))$

$= 0.98 \times (1 - 0.85) \times (1 - 0.04) = 0.141\ 12$

所以，$P(virus|test\_negative,\ symptoms) = R/(R + \sim R)$

$= 0.000\ 68/(0.000\ 68 + 0.141\ 12) = 0.004\ 795\ 486\ 6 \approx 0.48\%$

因此，一位病毒检测为阴性但具有病毒 V 症状的患者，其患病概率为 0.48%。

3．应用贝叶斯定理的基本形式：

$P(tsunami|earthquake) = P(earthquake|tsunami) * P(tsunami)/P(earthquake)$

$= 0.5 \times [4/(365 \times 100)]/[6/(365 \times 100)]$

$= 0.5 \times 4/6 = 1/3 \approx 33\%$

地震后有 33% 的概率会出现海啸。

ⓘ　请注意，这里把P(tsunami)定义为在过去100年中的某一天发生海啸的概率。同样可以天为单位来计算概率P(earthquake)。如果将P(tsunami)和P(earthquake)的单位更改为两小时、一周、一个月等，结果仍然是一样的。计算中重要的是比例P(tsunami)：P(earthquake)= 4：6 = 2/3：1，即海啸比地震的可能性高2/3。

4．将数据输入程序中，从观察结果中计算后验概率，并得到如下结果：

[['No', 'Yes', 'Yes', 'No', {'Yes': 0.0, 'No': 1.0}]]

根据计算结果可知，被试者未患病。然而，No 的概率似乎相当高。最好获取更多的数据以更准确地评估患者的健康程度。

5．（a）算法的结果如下：

[['Yes', 'No', 'Yes', 'No', 'Yes', {'Yes': 0.8459918784779665, 'No': 0.15400812152203341}]]

因此，将朴素贝叶斯算法应用到表中的数据时，垃圾电子邮件出现的概率约为 85%。

（b）由于垃圾邮件中某些单词的出现并不是独立的，因此使用这种算法可能不是最优的。例如，含有"金钱"一词的垃圾邮件可能会试图说服邮件的受害者可以以某种方式从邮件发送者那里得到一笔钱，因此，诸如"富有""秘密"或"免费"的词更可能出现在这样的邮件中。最近邻算法似乎在垃圾邮件分类问题中表现得更好。可以使用交叉验证来验证最合适的算法。

6. 对于这个问题，这里将扩展后的贝叶斯定理运用于连续和离散随机变量：

$P(male|height=172cm, weight=60kg, hair=long) = R/[R+\sim R]$

其中，$R=P(height=172cm|male)*P(weight=60kg|male)*P(hair=long|male)*P(male)$

$\sim R=P(height=172cm|female)*P(weight=60kg|female)*P(hair=long|female)*P(female)$

总结一下表 2-9 给出的信息。

表 2-9

性别	身高（cm）/体重（kg）的均值	身高/体重的方差
Male	176.8	37.2
Female	163.4	30.8
Male	72.4	53.8
Female	53	22.5

根据这些数据，可以确定某个人是否是男性的最终概率：

$P(height=172cm|male)=0.047\,989\,629\,99$

$P(weight=60kg|male)=exp[-(60-72.4)^2/(2\times53.8)]/[sqrt\,(2\times53.8\times\pi)]$

$=0.013\,029\,079\,31$

$P(hair=long|male)=0.2$

假设，$P(male)=0.5$

$P(height=172cm|female)=0.021\,637\,113\,33$

$P(weight=60kg|female)=exp[-(60-53)^2/(2×22.5)]/[sqrt(2×22.5×π)]$

=0.028 308 728 99

$P(hair=long|female)=0.8$

假设，$P(female)=0.5$

因此，R = 0.047 989 629 99 × 0.013 029 079 31× 0.2× 0.5 = 0.000 062 526 06

$\sim R$=0.021 637 113 33× 0.028 308 728 99× 0.8× 0.5=0.000 245 007 67

$P(male|height=172cm,\ weight=60kg,\ hair=long)$

= 0.000 062 526 06/(0.000 062 526 06+0.000 245 007 67) = 0.203 314 478 7≈20.3%

因此，一位身高 172cm，体重 60kg，头发较长的人是男性的概率为 20.3%。因此，他更可能是女性。

第3章
决策树

决策树是数据在树状结构中的排列，根据节点处属性值的不同，数据将被分到不同的分支中。

本章将使用一个标准的 ID3 学习算法来构建一个决策树，该算法选择一个数据的属性，以最大化信息增益（一种基于信息熵的度量）为目标对数据样本进行分类。

本章将学习以下内容：

- 什么是决策树，以及如何将"游泳偏好"例子中的数据用决策树表示；
- 首先从理论角度说明信息论中信息熵和信息增益的概念，随后将其实际应用于"游泳偏好"例子中；
- 用 Python 实现一个 ID3 算法，并从数据训练开始构造一个决策树；
- 如何使用在"游泳偏好"例子中构建的决策树来对新的数据项进行分类；
- 如何使用决策树替代第 2 章西洋棋游戏中的分析方法，以及两种算法所得的结果有哪些差异；
- 加深读者对何时使用决策树作为分析方法的理解；
- 在"购物"例子中，如何处理在建立决策树过程中数据不一致的问题。

3.1 游泳偏好——用决策树表示数据

例如，人们可能会对何时游泳有一定的偏好。偏好结果记录在表 3-1 中：

表 3-1

泳衣	水温	游泳偏好
None	Cold	No
None	Warm	No
Small	Cold	No
Small	Warm	No
Good	Cold	No
Good	Warm	Yes

这个表中的数据可以用图 3-1 所示的决策树分支表示。

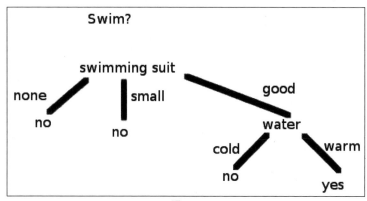

图 3-1

在根节点有这么一个问题：是否有泳衣？问题的答案将可用数据分成 3 组，每组有两行记录。如果属性"泳衣"为 none，则属性"游泳偏好"为 no。不需要进一步知道关于水温的偏好了，因为所有属性"泳衣"为 none 的样本将被分类为 no。属性"泳衣"为"small"的情况也是如此。在"泳衣"为"合适"的情况下，剩下的两行记录可以分为两类：no 和 yes。

如果没有更多的知识，那将无法正确分类每一样本。幸运的是，还有一个问题可以被用于区分数据类别。对于属性水温为"cold"的记录，游泳偏好为 no。对于属性水温为"warm"的记录，游泳偏好是 yes。

总结一下，从根节点开始，在每个节点问一个问题，根据答案寻找不同的分支，直到到达一个叶节点，在那里找到与这些答案对应的类别。

这就是如何使用现成的决策树来对数据样本进行分类。了解如何根据样本数据构建一个决策树也是很重要的。

哪个属性在哪个节点有问题？这如何反映决策树的构建？如果改变属性的顺序，最终的决策树可以比另一棵树拥有更好的分类效果吗？

3.2　信息论

信息论研究信息的量化、存储和通信。这里用 ID3 算法构造一个决策树，并以此说明信息熵和信息增益的概念。

3.2.1　信息熵

给定数据的信息熵是度量从给定数据中表示数据项所需的最少信息量。信息熵的单位较为常见：bit、byte 和 KB 等。信息熵越低，数据越规律，数据中出现的模式越多，用于数据表示的信息量越少。这就是为什么计算机上的压缩工具可以将大量文本文件压缩到一个很小的尺寸，因为单词和单词短语不断重复出现，从而形成一个模式。

1.　抛硬币

想象抛一个均匀的硬币。假如想知道结果是正面还是反面，需要多少信息来表示结果？"head"和"tail"两个字都由 4 个字符组成，如果用一个字节（8 bits）表示一个标准的 ASCII 字符，则需要 4 个字节或 32 位来表示结果。

但信息熵是表示结果所需的最少信息量。该实验只有两个可能的结果："head"或"tail"。如果用 0 表示"head"，用 1 表示"tail"，那么 1 bit 就可以表示实验结果。这里的数据是硬币投掷结果可能性的空间。它是可以被表示为集合 {0,1} 或集合 {head, tail}。实际结果是来自这个集合的数据项。事实证明，该集合的熵是 1，这是因为 head 与 tail 的出现概率都是 50%。

现在想象一下，假如这枚硬币有 25% 的概率抛出 head，75% 的概率抛出 tail。这次概率空间 {0,1} 的熵是多少？虽然可以用 1 bit 的信息来表示结果，但有更好的方案吗？1 bit 的信息当然是不可分割的，但或许可以把信息的概念概括为可以分割的数量。

在先前的例子中，除非事先看过硬币，否则抛硬币的结果是无法预先知道的。但在硬币有偏差的例子中，出现 tail 的结果更可能发生。如果在一个文件中记录了 n 次抛硬币的结果，其中 head 用 0 表示，tail 用 1 表示，那么大约 75% 的值为 1，25% 的值为 0。这样文件的大小将是 n bits。但是由于它比较规则（1 的模式占优势），一个好的压缩工具应该能够将其压缩到小于 n bits。

为了学习压缩的理论界限和表示数据项所需的信息量，我们需要精确地定义信息熵。

2.　信息熵的定义

假设元素 1，2，$\cdots$，n 的概率空间为 S。从概率空间中选择元素 i 的概率是 p_i。然后将概率空间的信息熵定义为：

$$E(S) = -p_1 * \log_2(p_1) - ... - p_n * \log_2(p_n), \quad \log2\text{是2的对数}$$

所以无偏投币概率空间的信息熵是：

$$E = -0.5 \times \log_2(0.5) - 0.5 \times \log_2(0.5) = 0.5 + 0.5 = 1$$

当硬币抛出 head 的概率为 25% 同时抛出 tail 的概率为 75% 时，这个空间的信息熵为：

$$E = -0.25 \times \log_2(0.25) - 0.75 \times \log_2(0.75) = 0.811\ 278\ 124\ 45$$

其结果小于 1。因此，假如有一个大文件，大约有 25% 的 0 bit 和 75% 的 1 bit，一个好的压缩工具应该能将其压缩到它原有大小的 81.12% 左右。

3.2.2　信息增益

信息增益是信息熵经过某些处理后获得的增量。例如，如果想知道抛 3 次无偏硬币的结果，那么它的信息熵是 3。但是如果第 3 个硬币的结果已知，那么余下的两个硬币的结果的信息熵就是 2。通过查看第 3 个硬币，我们获得了 1 bit 信息，所以信息增益为 1。

我们可以将整个集合 S 划分成多个集合来获得信息熵，并将它们按某个模式分组。如果按照属性 A 的值对元素进行分组，那可将信息增益定义为：

$$IG(S, A) = E(S) - \sum_{v \in values(A)} \left[\frac{|S_v|}{S} * E(S_v) \right]$$

其中 S_v 表示集合 S，S 中的属性 A 的值为 v。

3.2.3 游泳偏好——计算信息增益

以"泳衣"作为属性来计算"游泳偏好"例子中 6 条记录的信息增益。对于是否应该游泳这一问题，我们感兴趣的是给定一行记录，判断其类别为 no 或 yes，这里将使用"游泳偏好"来计算熵和信息增益。利用属性"泳衣"划分集合 S：

$$S_{none} = \{(none, cold, no), (none, warm, no)\}$$
$$S_{small} = \{(small, cold, no), (small, warm, no)\}$$
$$S_{good} = \{(good, cold, no), (good, warm, yes)\}$$

S 的信息熵为 $E(S) = -(1/6) \times \log_2(1/6) - (5/6) \times \log_2(5/6) \approx 0.650\,022\,421\,64$

每一个分区的信息熵为：

$E(S_{none}) = -(2/2) \times \log_2(2/2) = -\log_2(1) = 0$，所有的数据实例类别都是 no

$E(S_{small}) = 0$ 原因同 $E(S_{none})$

$E(S_{good}) = -(1/2) \times \log_2(1/2) = 0.5$

因此，信息增益为：

$IG(S, swimming\ suit) = E(S) - [(2/6) * E(S_{none}) + (2/6) * E(S_{small}) + (2/6) * E(S_{good})]$
$= 0.650\,022\,421\,64 - 1/3 \approx 0.316\,689\,088\,3$

如果选择属性"水温"来划分集合 S，那么信息增益 IG（S，水温）是多少？水温将集合 S 分为以下几组：

$$S_{cold} = \{(none, cold, no), (small, cold, no), (good, cold, no)\}$$
$$S_{warm} = \{(none, warm, no), (small, warm, no), (good, warm, yes)\}$$

信息熵为：

$E(S_{cold}) = 0$ 所有的数据实例类别都是 no

$E(S_{warm}) = -(2/3) \times \log_2(2/3) - (1/3) \times \log_2(1/3) \approx 0.918\,295\,834\,05$

因此，通过属性"水温"划分集合 S 得到的信息增益为：

$IG(S, \text{water temperature}) = E(S) - [(1/2)*E(S_{cold}) + (1/2)*E(S_{warm})]$

$= 0.650\,022\,421\,64 - 0.5 \times 0.918\,295\,834\,05 = 0.190\,874\,504\,61$

这比 $IG(S, \text{swimming suit})$ 少。因此，可以通过按属性"泳衣"而不是属性"水温"划分集合 S，从而获得更多关于该集合（其实例的分类）的信息。这一发现将成为下一节用 ID3 算法构造决策树的基础。

3.3　ID3 算法——构造决策树

ID3 算法基于信息增益从数据中构造决策树。首先，集合 S 中的数据项具有各种属性，基于这些属性可以对集合 S 进行分割。如果属性 A 的值为 $\{v_1, \cdots, v_n\}$，那么将集合 S 划分成集合 $S_1, \cdots, S_n$，其中集合 S_i 是集合 S 的子集，其中元素具有属性 A 的值 v_i。

如果集合 S 中的每个元素都有属性 $A_1, \cdots, A_m$，则可以根据任何可能的属性划分集合 S。ID3 算法根据能产生最高信息增益的那个属性划分集合 S。现在假设它是属性 A_1，那么集合 S 被分为 $S_1, \cdots, S_n$，其中 A_1 具有可能的值 $\{v_1, \cdots, v_n\}$。

由于当前还没有构建任何树，因此需要在树中放置一个根节点。对于 S 的每个分区，可在根部放置一个新的分支。每个分支表示所选属性的一个值。分支的数据样本具有相同的属性值。每一个新的分支都可以定义成一个新的节点，可从它的父分支中获取数据样本。

一旦定义了一个新的节点，就选择另一个具有最高信息增益的剩余属性来进一步划分位于该节点的数据，然后再次定义新的分支和节点。这个过程可以一直重复，直到节点的所有属性都已加入树中。这一过程也能提前结束，前提是某节点上的所有数据都具有相同类别。在"游泳偏好"的例子中，"游泳偏好"只有两种可能的类别：no 或 yes。最末的节点被称为叶节点，然后根据数据决定数据项的类别。

3.3.1　游泳偏好——用ID3算法构造决策树

本节将逐步描述 ID3 算法如何从"游泳偏好"的数据样本中构建一个

决策树。初始集合由 6 个数据样本组成：

```
S={(none,cold,no),(small,cold,no),(good,cold,no),(none,warm,no),(small,
warm,no),(good,warm,yes)}
```

前面的章节中计算了信息增益和非分类的属性，"泳衣"和"水温"：

```
IG(S,swimming suit)=0.3166890883
IG(S,water temperature)=0.19087450461
```

因此，这里会选择具有较高信息增益的属性"泳衣"。此处从根节点开始构建一个树。由于属性"泳衣"有 3 个可能值 {none, small, good}，所以需要画 3 个可能的分支。每个分支将从分区集 S 中获得一个分区：S_{none}、S_{small} 和 S_{good}，同时将节点添加到分支的末尾。S_{none} 中的数据样本具有相同的"游泳偏好"：no，所以不需要更多的属性来分割该节点或划分该集合。因此，包含数据集 S_{none} 的节点已经是叶节点。S_{small} 同理。

但是包含数据集 S_{good} 的节点有两类不同的"游泳偏好"，因此需要将其进一步拆分。由于现在只有一个非分类属性——水温，所以没有必要针对数据集 S_{good} 计算"水温"的信息增益。从包含数据集 S_{good} 的节点出发创建两个分支，每个分区的数据都源自数据集 S_{good}。一个分支将包含一组数据样本 $S_{good,\ cold}$ = {(good，cold，no)}，另一个分支将有分区 $S_{good,\ warm}$ = {(good，warm，yes)}。这两个分支都将以一个叶节点作为结束，因为对于"游泳偏好"这一分类属性，各个叶节点包含的数据样本都具有相同值，能区分数据的类别。

由此产生的决策树有 4 个叶节点，图 3.1 表示的就是基于"游泳偏好"这一例子生成的决策树。

3.3.2 实现

现基于 CSV 文件中给出的数据使用 ID3 算法来构造一个决策树。所有的资源都在章节目录中。源代码最重要的部分在这里给出：

```
# source_code/3/construct_decision_tree.py
#基于CSV文件中给出的数据构造一个决策树
#CSV文件的格式：每一行代表一个数据项，变量用逗号分隔。最后一个变量作为决策变量用
#于创建分支与构建决策树

import math
# anytree模块对ID3算法构建的决策树进行可视化
```

```
from anytree import Node, RenderTree
import sys
sys.path.append('../common')
import common
import decision_tree
```

#程序开始
```
csv_file_name = sys.argv[1]
verbose = int(sys.argv[2])
```

#将最后一个元素定义为必填项
#例如，一个用于定义决策变量的列
```
(heading, complete_data, incomplete_data,
enquired_column) = common.csv_file_to_ordered_data(csv_file_name)

tree = decision_tree.constuct_decision_tree(verbose, heading,
    complete_data, enquired_column)
decision_tree.display_tree(tree)
```

source_code/common/decision_tree.py
#用于构建一个决策树或随机森林
```
import math
import random
import common
from anytree import Node, RenderTree
from common import printfv
```

#用于构建决策树的节点
```
class TreeNode:

    def _init_(self, var=None, val=None):
        self.children = []
        self.var = var
        self.val = val

    def add_child(self, child):
        self.children.append(child)

    def get_children(self):
        return self.children

    def get_var(self):
        return self.var

    def get_val(self):
        return self.val

    def is_root(self):
        return self.var is None and self.val is None
```

```
    def is_leaf(self):
        return len(self.children) == 0

    def name(self):
        if self.is_root():
            return "[root]"
        return "[" + self.var + "=" + self.val + "]"
```

\# 利用表头构造决策数据，例如，属性的名字。complete_data 是那些所有属性
\# 已知的数据样本。enquired_column 是一个列表，包含了所有分类属性的值

```
def construct_decision_tree(verbose,heading,complete_data, enquired_ column):
    return construct_general_tree(verbose,heading,complete_data,
                                  enquired_column, len(heading))
```

\#m是每次节点拆分时需要被考虑最多的分类变量（只有随机森林才会涉及m）

```
def construct_general_tree(verbose, heading, complete_data,
                           enquired_column, m):
    available_columns = []
    for col in range(0, len(heading)):
        if col != enquired_column:
            available_columns.append(col)
    tree = TreeNode()
    printfv(2, verbose, "We start the construction with the
                        root node" + " to create the first
                        node of the tree.\n")
    add_children_to_node(verbose, tree, heading, complete_data,
                         available_columns, enquired_column, m)
    return tree
```

\# 根据样本数据col列数据值的不同，将其分为多组

```
def split_data_by_col(data, col):
    data_groups = {}
    for data_item in data:
        if data_groups.get(data_item[col]) is None:
            data_groups[data_item[col]] = []
        data_groups[data_item[col]].append(data_item)
    return data_groups
```

\# 在某节点后面加一个叶节点

```
def add_leaf(verbose, node, heading, complete_data, enquired_column):
    leaf_node = TreeNode(heading[enquired_column],
                         complete_data[0][enquired_column])
    printfv(2, verbose,
```

```
            "We add the leaf node "+leaf_node.name()+".\n")
        node.add_child(leaf_node)
```

#在某节点后面增加子节点

```
def add_children_to_node(verbose, node, heading, complete_data,
                        available_columns,enquired_column,m):
    if len(available_columns) == 0:
        printfv(2,verbose,"We do not have any available variables"+
                "on which we could split the node further,
                therefore" + "we add a leaf node to the current
                branch of the tree. ")
        add_leaf(verbose, node, heading, complete_data,
        enquired_column)
        return -1

    printfv(2,verbose,"We would like to add children to the
            node " + node.name() + ".\n")

    selected_col = select_col(
        verbose, heading, complete_data, available_columns,
        enquired_column, m)
    for i in range(0, len(available_columns)):
        if available_columns[i] == selected_col:
            available_columns.pop(i)
            break

    data_groups = split_data_by_col(complete_data, selected_col)
    if (len(data_groups.items()) == 1):
        printfv(2, verbose, "For the chosen variable " +
                heading[selected_col] +
                " all the remaining features have the same
                value "+complete_data[0][selected_col]+". "+
                "Thus we close the branch with a leaf node. ")
        add_leaf(verbose, node, heading, complete_data,
                enquired_column)
        return -1

    if verbose >= 2:
        printfv(2, verbose, "Using the variable " +
                heading[selected_col] +
                " we partition the data in the current node,
                where" + " each partition of the data will be
                for one of the " + "new branches from the current
```

```
            node " + node.name() + ". " + "We have the
            following partitions:\n")
    for child_group, child_data in data_groups.items():
        printfv(2, verbose, "Partition for " +
                str(heading[selected_col]) + "=" +
                str(child_data[0][selected_col]) + ": " +
                str(child_data) + "\n")
        printfv(2, verbose, "Now, given the partitions,
                let us form the " + "branches and the
                child nodes.\n")
    for child_group, child_data in data_groups.items():
        child=TreeNode(heading[selected_col],child_group)
        printfv(2, verbose, "\nWe add a child node " +
                child.name() + "to the node " + node.
                name() + ". " + "This branch classifies
                %d feature(s): " + str(child_data) +
                "\n", len(child_data))
        add_children_to_node(verbose, child, heading,
            child_data, list(available_columns),
            enquired_column, m)
        node.add_child(child)
    printfv(2, verbose,
            "\nNow, we have added all the children nodes
            for the " + "node " + node.name() + ".\n")
```

```
#选择一个具有最高信息增益的可用列/属性
def select_col(verbose, heading, complete_data, available_
            columns, enquired_column, m):
    #只考虑m个可用列
    printfv(2, verbose,
            "The available variables that we have still left
            are " + str(numbers_to_strings(available_columns,
            heading)) + ". ")
    if len(available_columns) < m:
        printfv(2, verbose, "As there are fewer of them than
                the " + "parameter m=%d, we consider all of
                them. ", m)
        sample_columns = available_columns
    else:
        sample_columns = random.sample(available_columns, m)
        printfv(2, verbose, "We choose a subset of them of
                size m to be " + str(numbers_to_strings
```

```
                        (available_columns, heading)) + ".")
    selected_col = -1
    selected_col_information_gain = -1
    for col in sample_columns:
        current_information_gain = col_information_gain(
            complete_data, col, enquired_column)
        # print len(complete_data),col,current_information_gain
        if current_information_gain > selected_col_information_gain:
            selected_col = col
            selected_col_information_gain = current_information_gain
    printfv(2, verbose,"Out of these variables, the variable
        with " + "the highest information gain is the
        variable " + heading[selected_col] + ". Thus we
        will branch the node further on this"+"variable."+
        "We also remove this variable from the list of the
        " + "available variables for the children of the
        current node. ")
    return selected_col
```

\#根据col列的值计算信息增益，以此作为拆分 complete_data 的依据，并通过
\#enquired_column 中的属性值划分类别

```
def col_information_gain(complete_data, col, enquired_column):
    data_groups = split_data_by_col(complete_data, col)
    information_gain = entropy(complete_data, enquired_column)
    for _, data_group in data_groups.items():
        information_gain-=(float(len(data_group))/len(complete_data)
                        )*entropy(data_group, enquired_column)
    return information_gain
```

\#通过 enquired_column 中的属性值，计算分类结果的信息熵

```
def entropy(data, enquired_column):
    value_counts = {}
    for data_item in data:
        if value_counts.get(data_item[enquired_column])is None:
            value_counts[data_item[enquired_column]] = 0
        value_counts[data_item[enquired_column]] += 1
    entropy = 0
    for _, count in value_counts.items():
        probability = float(count) / len(data)
        entropy -= probability * math.log(probability, 2)
    return entropy
```

[程序输入]

将"游泳偏好"例子中的数据输入到程序中以构建决策树：

```
# source_code/3/swim.csv
swimming_suit,water_temperature,swim
None,Cold,No
None,Warm,No
Small,Cold,No
Small,Warm,No
Good,Cold,No
Good,Warm,Yes
```

[程序输出]

从数据文件 swim.csv 中构造一个决策树，其过程设为 0。读者可将详细程度设置为 2，以详细了解决策树的构建过程：

```
$ python construct_decision_tree.py swim.csv 0
Root
├──── [swimming_suit=Small]
│  ├──── [water_temperature=Cold]
│  │  └──── [swim=No]
│  └──── [water_temperature=Warm]
│  └──── [swim=No]
├──── [swimming_suit=None]
│  ├──── [water_temperature=Cold]
│  │  └──── [swim=No]
│  └──── [water_temperature=Warm]
│  └──── [swim=No]
└──── [swimming_suit=Good]
   ├──── [water_temperature=Cold]
   │  └──── [swim=No]
   └──── [water_temperature=Warm]
      └──── [swim=Yes]
```

3.4 用决策树进行分类

一旦从具有属性 $A_1,\cdots,A_m$ 和类 $\{c_1,\cdots,c_k\}$ 的数据集中构造出决策树，就可以使用这个决策树对具有 $A_1,\cdots,A_m$ 的数据项进行分类，将其归入 $\{c_1,\cdots,c_k\}$ 某一类中。

给定一个需要被分类的新数据项，可以将包括根节点在内的每个节点看作针对数据样本的一个问题：该数据样本的属性 A_i 值是多少？然后基于这个问题的答案选择决策树的分支，并移动到下一个节点。然后再回答另一个问题，直到数据样本到达叶节点为止。叶节点具有 $\{c_1,\cdots,c_k\}$ 中的一个值，如 c_i。然后决策树算法将数据样本分到 c_i 类中。

3.4.1 用"游泳偏好"决策树对数据样本进行分类

现用 ID3 算法构造"游泳偏好"这一例子的决策树。考虑一个数据样本 (good, cold,?)，现想用构造的决策树来决定它应该属于哪个类。

某一数据样本从树的根部开始。从根节点分出的第一个属性是"泳衣"，所以需要计算样本 (good,cold,?) 的"泳衣"属性值。该样本的"泳衣"属性值为 good，因此，该数据样本向最右边的分支移动。当到达具有"水温"属性的节点时，提出问题：数据样本 (good,cold,?) 的"水温"属性值是多少？该数据样本的"水温"为 cold，因此，该数据样本将向左分支移动，并到达一个叶节点。这个叶子代表的"游泳偏好"为 no。因此，决策树会将 (good,cold,?) 这一数据样本归类为该类游泳偏好，即 (good, cold, no)。

因此，决策树说，如果有一件好的泳衣，但水温很低，那么根据已收集到的数据，人们仍然不想游泳。

3.4.2 下棋——用决策树分析

在此回顾第 2 章的朴素贝叶斯例子，如表 3-2 所示。

表 3-2

温度	风速	阳光	是否下棋
Cold	Strong	Cloudy	No
Cold	Strong	Cloudy	No
Warm	None	Sunny	Yes
Hot	None	Sunny	No
Hot	Breeze	Cloudy	Yes
Warm	Breeze	Sunny	Yes

温度	风速	阳光	是否下棋
Cold	Breeze	Cloudy	No
Cold	None	Sunny	Yes
Hot	Strong	Cloudy	Yes
Warm	None	Cloudy	Yes
Warm	Strong	Sunny	?

现在我们想知道自己的朋友是否想外出到公园和自己一起下棋。这一次，我们用决策树来寻找答案。

[分析]

数据样本的初始集合 S 为：

S={(Cold,Strong,Cloudy,No),(Warm,Strong,Cloudy,No),(Warm,None,Sunny,Yes),(Hot,None,Sunny,No),(Hot,Breeze,Cloudy,Yes),(Warm,Breeze,Sunny,Yes),(Cold,Breeze,Cloudy,No),(Cold,None,Sunny,Yes),(Hot,Strong,Cloudy,Yes),(Warm,None,Cloudy,Yes)}

首先确定 3 个非分类属性的信息增益：温度、风和阳光。温度的可能值是 cold、warm 和 hot。因此，集合 S 可分成 3 组：

S_cold={(Cold,Strong,Cloudy,No),(Cold,Breeze,Cloudy,No),(Cold,None,Sunny,Yes)}
S_warm={(Warm,Strong,Cloudy,No),(Warm,None,Sunny,Yes),(Warm,Breeze,Sunny,Yes),(Warm,None,Cloudy,Yes)}
S_hot={(Hot,None,Sunny,No),(Hot,Breeze,Cloudy,Yes),(Hot,Strong,Cloudy,Yes)}

首先计算集合的信息熵：

$$E(S) = -(4/10) \times \log_2(4/10) - (6/10) \times \log_2(6/10) = 0.970\ 950\ 594\ 45$$

$$E(S_{cold}) = -(2/3) \times \log_2(2/3) - (1/3) \times \log_2(1/3) = 0.918\ 295\ 834\ 05$$

$$E(S_{warm}) = -(1/4) \times \log_2(1/4) - (3/4) \times \log_2(3/4) = 0.811\ 278\ 124\ 45$$

$$E(S_{hot}) = -(1/3) \times \log_2(1/3) - (2/3) \times \log_2(2/3) = 0.918\ 295\ 834\ 05$$

因此：

$IG(S, \text{temperature}) = E(S) - [(|S_{cold}|/|S|) * E(S_{cold}) + (|S_{warm}|/|S|) * E(S_{warm}) + (|S_{hot}|/|S|) * E(S_{hot})] = 0.970\ 950\ 594\ 45 - [(3/10) * 0.918\ 295\ 834\ 05 + (4/10) \times 0.811\ 278\ 124\ 45 + (3/10) \times 0.918\ 295\ 834\ 05] = 0.095\ 461\ 844\ 24$

"风速"属性的可能值是 none、breeze 和 strong。因此，集合 S 可分成 3 个分区：

S_{none}＝{(Warm,None,Sunny,Yes),(Hot,None,Sunny,No),(Cold,None,Sunny, Yes),(Warm,None, Cloudy,Yes)}

S_{breeze}＝{(Hot,Breeze,Cloudy,Yes),(Warm,Breeze,Sunny,Yes),(Cold, Breeze, Cloudy,No)}

S_{strong}＝{(Cold,Strong,Cloudy,No),(Warm,Strong,Cloudy,No),(Hot,Strong, Cloudy,Yes)}

这些集合的信息熵是：

$E(S_{none})$＝0.811 278 124 45

$E(S_{breeze})$＝0.918 295 834 05

$E(S_{strong})$＝0.918 295 834 05

因此，

$IG(S, \text{wind})=E(S)-[(|S_{none}|/|S|)*E(S_{none})+(|S_{breeze}|/|S|)*E(S_{breeze})+(|S_{strong}|/|S|)*E(S_{strong})] = 0.970\ 950\ 594\ 45-[(4/10)\times0.811\ 278\ 124\ 45+(3/10)\times 0.918\ 295\ 834\ 05+(3/10)\times0.918\ 295\ 834\ 05] = 0.095\ 461\ 844\ 24$

最后，第 3 个属性阳光有两个可能的值，Cloudy 和 Sunny。因此，集合 S 可分成两组：

S_{cloudy}＝{(Cold,Strong,Cloudy,No),(Warm,Strong,Cloudy,No),(Hot,Breeze, Cloudy,Yes), (Cold,Breeze,Cloudy,No),(Hot,Strong,Cloudy,Yes),(Warm,None, Cloudy,Yes)}

S_{sunny}＝{(Warm,None,Sunny,Yes),(Hot,None,Sunny,No),(Warm,Breeze, Sunny,Yes), (Cold,None,Sunny,Yes)}

集合的信息熵是：

$E(S_{cloudy})$＝1

$E(S_{sunny})$＝0.811 278 124 45

因此，

$$IG(S, \text{sunshine}) = E(S) - [(|S_{\text{cloudy}}|/|S|) * E(S_{\text{cloudy}}) + (|S_{\text{sunny}}|/|S|) * E(S_{\text{sunny}})] =$$
$$0.970\,950\,594\,45 - [(6/10)*1+(4/10)*0.811\,278\,124\,45] = 0.046\,439\,344\,67$$

$IG(S, \text{wind})$ 和 $IG(S, \text{temperature})$ 的值相同，都大于 $IG(S, \text{sunshine})$。因此，可以选择任一属性来构成 3 个分支，例如，温度。在这种情况下，3 个分支中的每一个都包含数据样本 S_{cold}、S_{warm}、S_{hot}。可以将算法进一步应用于这些分支，以形成完整的决策树。接下来使用该程序来完成这个决策树。

[输入]

source_code/3/chess.csv
```
Temperature,Wind,Sunshine,Play
Cold,Strong,Cloudy,No
Warm,Strong,Cloudy,No
Warm,None,Sunny,Yes
Hot,None,Sunny,No
Hot,Breeze,Cloudy,Yes
Warm,Breeze,Sunny,Yes
Cold,Breeze,Cloudy,No
Cold,None,Sunny,Yes
Hot,Strong,Cloudy,Yes
Warm,None,Cloudy,Yes
```

[输出]

```
$ python construct_decision_tree.py chess.csv 0
Root
├──── [Temperature=Cold]
│  ├──── [Wind=Breeze]
│  │  └──── [Play=No]
│  ├──── [Wind=Strong]
│  │  └──── [Play=No]
│  └──── [Wind=None]
│     └──── [Play=Yes]
├──── [Temperature=Warm]
│  ├──── [Wind=Breeze]
│  │  └──── [Play=Yes]
│  ├──── [Wind=None]
│  │  ├──── [Sunshine=Sunny]
│  │  │  └──── [Play=Yes]
│  │  └──── [Sunshine=Cloudy]
```

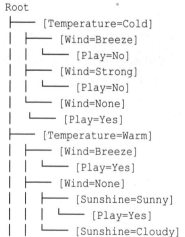

```
|    |        └── [Play=Yes]
|    └── [Wind=Strong]
|        └── [Play=No]
└── [Temperature=Hot]
    ├── [Wind=Strong]
    |    └── [Play=Yes]
    ├── [Wind=None]
    |    └── [Play=No]
    └── [Wind=Breeze]
         └── [Play=Yes]
```

[分类]

现在决策树已构建，我们想用它来将数据样本 (warm, strong, sunny,?) 划分到集合 {no,yes} 中的某一个。

从根节点开始。数据样本的"温度"属性是什么？ warm，所以选择中间分支。那"风速"属性的值是什么？ strong，那这个实例会落入类 No 中，因为此时已经抵达了叶节点。

所以，根据决策树分类算法，我们的朋友不想和我们在公园下棋。请注意，朴素贝叶斯算法会另做说明。需要理解这个问题才能选择最合适的方法。在其他时候，更精确的方法是综合考虑到几个算法或几个分类器的结果，就像下一章提到的随机森林算法。

3.4.3 购物——处理数据不一致

Jane 的购物偏好数据如表 3-3 所示。

表 3-3

温度	是否有雨	是否购物
Cold	None	Yes
Warm	None	No
Cold	Strong	Yes
Cold	None	No
Warm	Strong	No
Warm	None	Yes
Cold	None	?

假如想知道，在天气很冷、没有下雨的情况下，Jane 会不会去购物。

[分析]

这里应该小心那些具有相同的属性值，但类别却不同的数据实例：即 (cold,none,yes) 和 (cold,none,no)。程序将构建以下决策树：

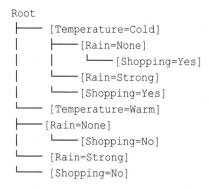

```
Root
├── [Temperature=Cold]
│   ├── [Rain=None]
│   │   └── [Shopping=Yes]
│   ├── [Rain=Strong]
│   └── [Shopping=Yes]
└── [Temperature=Warm]
├── [Rain=None]
│   └── [Shopping=No]
├── [Rain=Strong]
└── [Shopping=No]
```

但是，在父节点 [Temperature = Cold] 的叶节点 [Rain = None] 中，有两个具有不同类别的数据样本。因此，数据实例 (cold,none,?) 不能准确地归为某一类。为了使决策树算法能更好地工作，就不得不在叶节点上给某一类赋予更大权重的——也就是多数类。更好的办法是收集更多与数据样本相关的属性值，以便能更准确地做出决策。

因此，根据给出的数据无法判断 Jane 是否要去购物。

3.5 小结

决策树 ID3 算法首先根据输入数据构造一个决策树，然后使用这个树对新的数据实例进行分类。决策树通过选择具有最高信息增益的分支属性来构建。信息增益用于衡量从信息熵的变化中可以学习多少信息。

决策树算法会得出与其他算法（如朴素贝叶斯算法）不同的结果。下一章将学习如何将各种算法或分类器组合到一个决策森林（称为随机森林）中，以获得更准确的结果。

3.6 习题

1. 以下多重集合的信息熵是多少？

（a）{1,2}，（b）{1,2,3}，（c）{1,2,3,4}，（d）{1,1,2,2}，（e）{1,1,2,3}

2．有偏硬币试验（heads 出现概率为 10%，tails 出现概率为 90%）的概率空间的信息熵是多少？

3．再看第 2 章中的一个朴素贝叶斯的例子，见表 3-4：

（a）表中每个非分类属性的信息增益是多少？

（b）从给定的表格中构建的决策树是什么？

（c）对于 (warm,strong,spring,?) 这一样本，详见表 3-4，决策树会将其分为哪一类？

表 3-4

温度	风速	季节	是否外出玩耍
Cold	Strong	Winter	No
Warm	Strong	Autumn	No
Warm	None	Summer	Yes
Hot	None	Spring	No
Hot	Breeze	Autumn	Yes
Warm	Breeze	Spring	Yes
Cold	Breeze	Winter	No
Cold	None	Spring	Yes
Hot	Strong	Summer	Yes
Warm	None	Autumn	Yes
Warm	Strong	Spring	?

4．Mary 和她对温度的偏好。以第 1 章"使用 K 最近邻算法分类"为例来说明 Mary 和她对温度的偏好，样本如表 3-5 所示。

表 3-5

温度（℃）	风速（km/h）	Mary 的偏好
10	0	Cold
25	0	Warm
15	5	Cold
20	3	Warm
18	7	Cold
20	10	Cold
22	5	Warm
24	6	Warm

现想用决策树来判断 Mary 在风速为 3km/h、温度为 16℃的房间里感到温暖还是寒冷。

请解释一下如何使用决策树算法，以及在这个例子中如何更好地使用决策树算法？

[分析]

1. 多重集合的熵如下：

（a）$E(\{1,2\}) = -(1/2)\times\log_2(1/2)-(1/2)\times\log_2(1/2)=1$

（b）$E(\{1,2,3\}) = -(1/3)\times\log_2(1/3)-(1/3)\times\log_2(1/3)-(1/3)\times\log_2(1/3)=1.5849625$

（c）$E(\{1,2,3,4\}) = -(1/4)\times\log_2(1/4)-(1/4)\times\log_2(1/4)-(1/4)\times\log_2(1/4)-(1/4)\times\log_2(1/4)=2$

（d）$E(\{1,1,2,2\}) = -(2/4)\times\log_2(2/4)-(2/4)\times\log_2(2/4)=1$

（e）$E(\{1,1,2,3\}) = -(2/4)\times\log_2(2/4)-(1/4)\times\log_2(1/4)-(1/4)\times\log_2(1/4)=1.5$

注意，对于那些包含 2 个类的集合，其信息熵大于 1，所以需要多于 1 bit 的信息来表示结果。但对于每一个拥有不同类别（大于 2 个）元素的多重集合来说，这是否正确？

2. $E(\{10\% \text{ of heads, } 90\% \text{ of tails}\}) = -0.1\times\log_2(0.1)-(0.9)\times\log_2(0.9)=0.468\ 995\ 593\ 58$

3. （a）这 3 个属性的信息增益如下：

$IG(S,\text{temperature})=0.095\ 461\ 844\ 238\ 3$

$IG(S,\text{wind})=0.095\ 461\ 844\ 238\ 3$

$IG(S,\text{season})=0.419\ 973\ 094\ 022$

（b）因此，选择具有最高信息增益的 season 属性作为根节点的分支依据。与此类似，可以把所有的数据输入程序中以构造一个决策树：

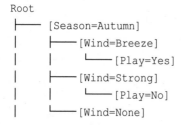

```
Root
├──── [Season=Autumn]
│     ├──── [Wind=Breeze]
│     │     └──── [Play=Yes]
│     ├──── [Wind=Strong]
│     │     └──── [Play=No]
│     └──── [Wind=None]
```

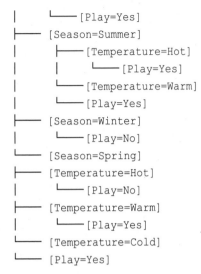

```
|        └──[Play=Yes]
├──[Season=Summer]
|     ├──[Temperature=Hot]
|     |    └──[Play=Yes]
|     └──[Temperature=Warm]
|          └──[Play=Yes]
├──[Season=Winter]
|     └──[Play=No]
└──[Season=Spring]
├──[Temperature=Hot]
|     └──[Play=No]
├──[Temperature=Warm]
|     └──[Play=Yes]
└──[Temperature=Cold]
└──[Play=Yes]
```

（c）根据构造的决策树，可将数据样本 (warm,strong,spring,?) 分为 *Play* = Yes 类，过程是从根节点出发到最下面的分支，然后通过中间分支到达叶节点。

4. 假如不对该数据做任何处理，那决策树算法可能无法运行。即使考虑每一类温度，那么在决策树中仍然不会出现25℃，因为它不在输入数据中。所以不能判断 Mary 在 16℃与 3km/h 风速时的温度偏好。

可以将温度和风速离散化，以减少类别，由此产生的决策树可以对输入实例进行分类。但必须首先分析在 25℃和 3km/h 风速时，应如何进行分类。因此，必须对决策树进行大幅修改才能使其正确分析问题。

第 4 章
随机森林

随机森林由一系列决策树（决策树描述见第 3 章）组成，每一棵决策树由随机抽取的数据子集产生。通过投票表决的方式，随机森林把特征值归类至得票最多的类中。随机森林可以同时减少偏差和方差，因此，它往往能比决策树提供更加精确的特征分类结果。

本章涵盖内容如下：

- 装袋法（引导聚类法）是随机森林构建的一部分，它可以推广到数据科学中的其他算法和方法，用于减少偏差和方差，以提高预测结果准确性；
- 以游泳偏好案例构建随机森林，并用构建出的随机森林对样本数据进行分类；
- 如何用 Python 实现随机森林算法；
- 朴素贝叶斯、决策树和随机森林算法在分析下棋案例时的差异；
- 通过购物案例，分析随机森林如何克服决策树的不足之处，以及为什么优于决策树算法；
- 章末练习描述了如何通过减小分类器的方差，以产生更精准的结果。

4.1 随机森林算法概述

通常来讲，我们需要在一开始决定所构建决策树的个数。随机森林通常不会产生过拟合问题（噪声数据除外），因此选择构建大量的决策树不会降低预测的准确性。然而，决策树越多，所需的计算能力越高。此外，大幅度地增加随机森林中决策树的个数，分类的准确性并不会提升很大。

值得注意的是，在构建决策树过程中，必须有足够多的决策树，使得在随机抽选的时候大部分训练数据能够参与到分类中。

在实践中我们可以运行构建特定数量的决策树的算法，并不断地增加树的个数，比较树少和树多的随机森林的分类结果。如果结果极其相似，则停止增加树的个数。

为了简化示范过程，本书使用包含少量决策树的随机森林。

随机森林构造概述

本节会描述如何以随机抽样的方式构建每棵树。具体地，已知 N 个训练特征值，通过有放回地从初始数据中随机抽取 N 个特征数据来构建决策树。随机选择构建每棵树所需数据的过程称为装袋法（树装袋）。采取装袋法的方式抽取训练数据可以减少分类结果的方差和偏差。

假设一个特征含有 M 个变量，这些变量在决策树中用于分类此特征。当必须在节点上做出分支决策时，根据 ID3 算法，我们选择信息增益最大的变量。针对随机决策树的每一个节点，我们至多只考虑 m（$m \leqslant M$）个变量（不考虑已经选择过的变量），即从已知的 M 个变量中无放回地随机抽样 m 个变量。然后在这 m 个变量中，选择产生信息增益最高的变量。

随机决策树构建的其余部分按照第 3 章构造决策树的步骤进行。

4.2　游泳偏好——随机森林分析法

这里使用第 3 章的游泳偏好案例，数据集如表 4-1 所示。

表 4-1

泳衣	水温	游泳偏好
None	Cold	No
None	Warm	No
Small	Cold	No
Small	Warm	No
Good	Cold	No
Good	Warm	Yes

此数据集用于构造随机森林，并用它来预测样本（Good,Cold,?）的类别。

[分析]

设 $M=3$，并根据这些变量对此特征值进行分类。在随机森林算法中，通常不使用全部的 3 个变量在每个节点上构建分支。我们只从 M 个变量中选取 m 个，m 小于等于 M。 m 越大，在每一棵构造树中的分类器的作用越大。然而，正如前面所述，数据越多产生的偏差越大。但是，由于使用了多棵树（以及较小的 m），即使每个构造树是弱分类器，多个弱分类器结合而成的集成器分类精度也很高。如果要减少随机森林产生的偏差，可能要考虑选择一个略微小于 M 的参数 m。

因此，在节点处考虑的变量的最大个数 m = min(M,math.ceil(2*math.sqrt(M))) = min(M, math.ceil(2*math.sqrt(3)))=3。

给出下列特征值：

```
[['None', 'Cold', 'No'], ['None', 'Warm', 'No'], ['Small', 'Cold',
'No'],
    ['Small', 'Warm', 'No'], ['Good', 'Cold', 'No'], ['Good', 'Warm',
'Yes']]
```

在构造随机森林的随机决策树时，我们通过有放回的随机抽取来选择训练数据的一个子集。

4.2.1　随机森林构造

这里构造的随机森林包含两棵随机决策树。

1．0 号随机决策树的构建

将 6 个特征值作为输入数据，从这当中有放回地随机抽取 6 个特征值来构建决策树。

```
[['None', 'Warm', 'No'], ['None', 'Warm', 'No'], ['Small', 'Cold',
'No'],
    ['Good', 'Cold', 'No'],['Good', 'Cold', 'No'], ['Good', 'Cold',
'No']]
```

从根节点开始构建树的第一个节点，并添加子节点到根节点 [root] 上。现在有如下可用变量：['swimming_suit','water_temperature']。

由于变量个数小于参数 *m*=3，所以使用所有的变量构建树。在可用变量中，swimming_suit 的信息增益最高。因此，根据 swimming_suit 进一步添加节点分支，并在当前节点的子节点可用变量列表中移除该变量。使用变量 swimming_suit 划分当前节点的数据集，结果如下：

- 分区 swimming_suit=Small：[['Small', 'Cold', 'No']]；
- 分区 swimming_suit=None：[['None', 'Warm', 'No'], ['None', 'Warm', 'No']]；
- 分区 swimming_suit=Good：[['Good', 'Cold', 'No'], ['Good','Cold','No'], ['Good', 'Cold', 'No']]。

使用以上分区创建分支和子节点。

现在，添加子节点 [swimming_suit=Small] 到根节点 [root] 上，该分支分类了一个特征值：[['Small', 'Cold', 'No']]。

现在为节点 [swimming_suit=Small] 添加子节点。

现在有以下可用变量：['water_temperature']。由于变量个数小于参数 *m*，所以使用所有变量构建树。在可用变量中，water_temperature 的信息增益最高。因此，根据 water_temperature 进一步添加节点分支，并在当前节点的子节点可用变量列表中移除该变量。对于选定的变量 water_temperature，该节点下的所有特征值都包含同一个值：Cold。因此，添加叶节点 [swim=No] 结束这一分支。

现在添加子节点 [swimming_suit=None] 到根节点 [root] 上，该分支分类了两个特征值：[['None', 'Warm', 'No'] 和 ['None', 'Warm', 'No']]。

现在为节点 [swimming_suit=None] 添加子节点。

现在有以下可用变量：['water_temperature']。由于变量个数小于参数 *m*，所以使用所有变量构建树。在可用变量中，water_temperature 的信息增益最高。因此，根据 water_temperature 进一步添加节点分支，并在当前节点的子节点可用变量列表中移除该变量。对于选定的变量 water_temperature，该节点下的所有特征值包含同一个值：Warm。因此，添加叶节点 [swim=No] 结束这一分支。

添加子节点 [swimming_suit=Good] 到根节点 [root] 上，该分支分类了 3 个特征值：[['Good', 'Cold', 'No']、['Good', 'Cold',

'No'] 和 ['Good', 'Cold', 'No']]。

现在为节点 [swimming_suit=Good] 添加子节点。

现在有以下可用变量：['water_temperature']。由于变量个数小于参数 *m*，使用所有变量构建树。在可用变量中，water_temperature 的信息增益最高。因此，根据 water_temperature 进一步添加节点分支，并在当前节点的子节点可用变量列表中移除该变量。对于选定的变量 water_temperature，该节点下的所有特征值包含相同的属性值：Cold。因此，添加叶节点 [swim=No] 结束这一分支。

现在，我们已经为根节点 [root] 添加完了的所有子节点。

2. 1号随机决策树的构造

现在将 6 个特征值作为输入数据。从这当中，有放回地随机抽取 6 个特征值来构建决策树。

```
[['Good', 'Warm', 'Yes'], ['None', 'Warm', 'No'], ['Good', 'Cold',
'No'],
['None', 'Cold', 'No'], ['None', 'Warm', 'No'], ['Small', 'Warm',
'No']]
```

构建 1 号随机决策树的其余步骤与之前构建 0 号随机决策树的过程相似，唯一的区别是，从原始数据集中有放回地随机抽取的子集不一样。

从根节点开始构建树的第一个节点，并添加子节点到根节点 [root] 上。

现在有以下可用变量：['swimming_suit','water_temperature']。由于变量个数小于参数 *m*，所以使用所有变量构建树。在可用变量中，信息增益最高的变量是 swimming_suit。因此，根据 swimming_suit 添加节点分支，并在当前节点的子节点可用变量列表中移除该变量。使用 swimming_suit 划分当前节点的数据集，结果如下：

- 分区 swimming_suit = Small: [['Small', 'Warm', 'No']]；
- 分区 swimming_suit = None: [['None','Warm', 'No'], ['None','Cold','No'], ['None','Warm', 'No']]；
- 分区 swimming_suit = Good: [['Good','Warm', 'Yes'], ['Good','Cold','No']]。

现在，根据以上分区创建分支和子节点。添加子节点 [swimming_

suit= Small] 到节点 [root] 上，该分支分类了一个特征值：['Small',
'Warm','No']。

为节点 [swimming_suit=Small] 添加子节点。

现在有以下可用变量：['water_temperature']。由于变量个数小
于参数 m，所以使用所有变量构建树。在可用变量中，water_tempera-
ture 的信息增益最高。因此，根据 water_temperature 进一步添加节
点分支，并在当前结点的子节点可用变量列表中移除该变量。对于选定
的变量 water_temperature，该节点下的所有特征值包含相同的属性值：
Cold。因此，添加叶节点 [swim=No] 结束这一分支。

为根节点 [root] 添加子节点 [swimming_suit=None]。这一分支
分类了 3 个特征值：[['None', 'Warm', 'No'], ['None', 'Cold',
'No'], ['None', 'Warm', 'No']]。

现在为节点 [swimming_suit=None] 添加子节点。

有以下可用变量：['water_temperature']。由于变量个数小于参数
m，所以使用所有变量构建树。在可用变量中，water_temperature 的信
息增益最高。于是，根据 water_temperature 进一步添加节点分支，并
在当前节点的子节点可用变量列表中移除该变量。使用 water_tempera-
ture 划分当前节点的数据集，结果如下：

- 分区 water_temperature = Cold：[['None', 'Cold', 'No']]；
- 分区 water_temperature = Warm：['None', 'Warm', 'No'],
  ['None', 'Warm', 'No']]。

现在，基于上述分区创建分支和子节点。

添加子节点 [water_temperatre = Cold] 到节点 [swimming_
suit=None]。该分支分类了一个特征值：['None','Cold', 'No']。此
时没有任何可用的变量来进一步划分节点。因此，停止划分并添加叶节点
[swim=No] 至当前节点。

增加子节点 [water_temperature=Warm] 到节点 [swimming_suit=
None]。该分支分类了两个特征值：[['None', 'Warm', 'No'],
['None', 'Warm', 'No']]。由于没有任何可用的变量来进一步划分节
点，故停止当前节点的划分并添加叶节点 [swim=No] 至当前节点。

现在，所有的子节点已经添加至节点 [swimming_suit=None] 上。

将子节点 [swimming_suit=Good] 添加到根节点 [root] 上，该分支上的特征值包括：[['Good', 'Warm', 'Yes'], ['Good','Cold','No']]。

现为节点 [swimming_suit=Good] 添加子节点。

有以下可用变量：['water_temperature']。由于变量个数小于参数 m，所以使用所有变量构建树。在可用变量中，water_temperature 的信息增益最高。因此，根据 water_temperature 进一步添加节点分支，并在当前节点的子节点可用变量列表中移除该变量。使用 water_temperature 划分当前节点的数据集，结果如下：

- 分区 water_temperature = Cold：[['Good', 'Cold','No']]；
- 分区 water_temperature = Warm：[['Good','Warm', 'Yes']]。

现在，基于上述分区创建分支和子节点。

添加子节点 [water_temperature=Cold] 到节点 [swimming_suit=Good] 上。该分支分类了一个特征值：['Good', 'Cold', 'No']。由于没有任何可用的变量来进一步划分节点，因此，停止当前节点的划分并添加叶节点 [swim=No] 至当前节点。

现在，增加子节点 [water_temperature=Warm] 到节点 [swimming_suit=Good] 上。该分支上的特征为：['Good', 'Warm', 'Yes']。由于没有任何可用的变量来进一步划分节点，停止当前节点的划分并添加叶节点 [swim=Yes] 至当前节点。

现在，我们已经将所有的子节点加到节点 [swimming_suit=Good] 上了。此时也已经将所有的子节点添加到根节点 [root] 上。

由两棵决策树组成的随机森林构建完成。

随机森林图如下。

```
Tree 0:
    Root
    ├──── [swimming_suit=Small]
    │   └──── [swim=No]
    ├──── [swimming_suit=None]
    │   └──── [swim=No]
    └──── [swimming_suit=Good]
        └──── [swim=No]
```

```
Tree 1:
    Root
    ├── [swimming_suit=Small]
    │   └── [swim=No]
    ├── [swimming_suit=None]
    │   ├── [water_temperature=Cold]
    │   │   └── [swim=No]
    │   └── [water_temperature=Warm]
    │       └── [swim=No]
    └── [swimming_suit=Good]
        ├── [water_temperature=Cold]
        │   └── [swim=No]
        └── [water_temperature=Warm]
            └── [swim=Yes]
```

在随机森林中树的总个数为 2
节点使用的变量的最大个数 m=3

4.2.2　随机森林归类法

由于仅仅使用原始数据的一个子集来构建随机决策树可能无法形成一棵能够分类每一个特征值的完整树。在这种情况下，某些树可能不能返回特征值所属类别。因此，只考虑那些可以将特征值分类到某个类别中的树即可。

假如需要归类的特征值是 ['Good', 'Cold', '?']。每棵随机决策树采用和第 3 章里决策树使用的相同的分类方法对特征值进行归类，归类结果参与投票以决定最终类别。 0 号树投票给 No，1 号树投票给 No。得票数最多的结果为 No。因此，该随机森林把特征值 ['Good', 'Cold', '?'] 归类到 No 一类。

4.3　随机森林算法的实现

本节，我们将改进第 3 章中的决策树算法来实现随机森林算法。然后添加一个选项，该选项用于设置程序的详细模式，以便描述算法在特定输入下工作的全部过程，包括随机决策树如何构建随机森林以及如何使用构建的随机森林来划分其他特征值。

使用第 3 章中构建决策树的算法来实现随机森林，建议读者参考第 3 章中的函数 decision_tree.construct_general_tree：

```python
# source_code/4/random_forest.py
import math
import random
import sys
sys.path.append('../common')
import common # noqa
import decision_tree # noqa
from common import printfv # noqa

# 构建随机森林
def sample_with_replacement(population, size):
    sample = []
    for i in range(0, size):
        sample.append(population[random.randint(0,len (population)-1)])
    return sample

def construct_random_forest(verbose, heading, complete_data,
                            enquired_column, m, tree_count):
    printfv(2, verbose, "*** Random Forest construction ***\n")
    printfv(2, verbose, "We construct a random forest that will " +
            "consist of %d random decision trees.\n", tree_count)
    random_forest = []
    for i in range(0, tree_count):
        printfv(2, verbose, "\nConstruction of a random " +
                "decision tree number %d:\n", i)
        random_forest.append(construct_random_decision_tree(
            verbose, heading, complete_data, enquired_column, m))
    printfv(2, verbose, "\nTherefore we have completed the " +
            "construction of the random forest consisting of %d " +
            "random decision trees.\n", tree_count)
    return random_forest

def construct_random_decision_tree(verbose, heading, complete_data,
                                   enquired_column, m):
    sample = sample_with_replacement(complete_data, len(complete_data))
    printfv(2, verbose, "We are given %d features as the input " +
            "data." + " Out of these, we choose randomly %d features " +
            "with the " + " replacement that we will use for the " +
            "construction of " + " this particular random decision
```

```
                tree:\n" + str(sample) + "\n", len(complete_data),
                len(complete_data))
# construct_general_tree 函数为第 3 章模块 decision_tree 中的函数
        return decision_tree.construct_general_tree(verbose, heading, sample,
                                                enquired_column, m)

# M 是一个决策变量给定的数目，即特征的属性数目
def choose_m(verbose, M):
    m = int(min(M, math.ceil(2 * math.sqrt(M))))
    printfv(2, verbose, "We are given M=" + str(M) +
            " variables according to which a feature can be " +
            "classified. ")
    printfv(3, verbose, "In random forest algorithm we usually
            do " + "not use all " + str(M) + " variables to form
            tree " + "branches at each node. ")
    printfv(3, verbose, "We use only m variables out of M. ")
    printfv(3, verbose, "So we choose m such that m is less than
            or " + "equal to M. ")
    printfv(3, verbose, "The greater m is, a stronger classifier
            an " + "individual tree constructed is. However, it
            is more " + "susceptible to a bias as more of the
            data is considered. " + "Since we in the end use
            multiple trees, even if each may " + " be a weak
            classifier, their combined classification " +" accuracy
            is strong. Therefore as we want to reduce a " +
            "bias in a random forest, we may want to consider
            to " +" choose a parameter m to be slightly less than
            M.\n")
    printfv(2, verbose, "Thus we choose the maximum number of
            the " + "variables considered at the node to be " +
            "m=min(M,math.ceil(2*math.sqrt(M)))" +
            "=min(M,math.ceil(2*math.sqrt(%d)))=%d.\n", M, m)
    return m

# 分类器
def display_classification(verbose, random_forest, heading,
                           enquired_column, incomplete_data):
    if len(incomplete_data) == 0:
        printfv(0, verbose, "No data to classify.\n")
    else:
        for incomplete_feature in incomplete_data:
            printfv(0, verbose, "\nFeature: " +
```

```
                    str(incomplete_feature) + "\n")
        display_classification_for_feature(
            verbose, random_forest, heading,
            enquired_column, incomplete_feature)

def display_classification_for_feature(verbose, random_forest,
                                        heading, enquired_column,
                                        feature):
    classification = {}
    for i in range(0, len(random_forest)):
        group = decision_tree.classify_by_tree(
            random_forest[i], heading, enquired_column, feature)
        common.dic_inc(classification, group)
        printfv(0, verbose, "Tree " + str(i) +
                " votes for the class: " + str(group) + "\n")
    printfv(0, verbose,"The class with the maximum number of
        votes " + "is '" + str(common.dic_key_max_count
        (classification)) + "'. Thus the constructed random
        forest classifies the " + "feature " + str(feature)
        +" into the class'" + str(common.dic_key_max_count
        (classification)) + "'.\n")
```

 # 启动程序

```
csv_file_name = sys.argv[1]
tree_count = int(sys.argv[2])
verbose = int(sys.argv[3])

(heading, complete_data, incomplete_data,
 enquired_column) = common.csv_file_to_ordered_data(csv_file_name)
m = choose_m(verbose, len(heading))
random_forest = construct_random_forest(verbose, heading,
    complete_data, enquired_column, m, tree_count)
display_forest(verbose, random_forest)
display_classification(verbose, random_forest, heading,
                    enquired_column, incomplete_data)
```

[输入]
将游泳偏好案例数据作为算法的输入文件。

 # source_code/4/swim.csv

```
swimming_suit,water_temperature,swim
None,Cold,No
None,Warm,No
Small,Cold,No
```

```
Small,Warm,No
Good,Cold,No
Good,Warm,Yes
Good,Cold,?
```

[输出]

在命令行中输入以下命令：

$ python random_forest.py swim.csv 2 3 > swim.out

其中，参数 2 表示要构建的 2 棵决策树，参数 3 表示程序的信息复杂度，包括对随机森林、特征分类和随机森林图形的详细解释。最后的"＞swim.out"表示将输出结果写入到 swim.out 文件中。输出文件可在 source_code/4 目录下查询得到。上述对游泳偏好问题的分析即为该程序的输出。

4.4 下棋实例

再次使用第 2 章朴素贝叶斯和第 3 章决策树的案例，如表 4-2 所示。

表 4-2

温度	风力	日照	是否下棋
Cold	Strong	Cloudy	No
Warm	Strong	Cloudy	No
Warm	None	Sunny	No
Hot	None	Sunny	Yes
Hot	Breeze	Cloudy	No
Warm	Breeze	Sunny	Yes
Cold	Breeze	Cloudy	Yes
Cold	None	Sunny	No
Hot	Strong	Cloudy	Yes
Warm	None	Cloudy	Yes
Warm	Strong	Sunny	?

不过，在本节我们将使用 4 棵随机决策树来构建随机森林，以得到分

类结果。

[分析]

这里对包含 $M=4$ 个变量的特征进行分类。在节点划分处考虑的变量的最大数目为：

m = min(M, math.ceil(2*math.sqrt(M))) = min(M, math.ceil(2*math.sqrt(4))) = 4

已知以下特征值：

```
[['Cold', 'Strong', 'Cloudy', 'No'], ['Warm', 'Strong', 'Cloudy',
'No'],['Warm', 'None', 'Sunny','Yes'], ['Hot', 'None', 'Sunny',
'No'], ['Hot', 'Breeze', 'Cloudy', 'Yes'],['Warm', 'Breeze','Sunny',
'Yes'],['Cold', 'Breeze', 'Cloudy', 'No'], ['Cold', 'None','Sunny', 'Yes'],
['Hot', 'Strong', 'Cloudy', 'Yes'], ['Warm', 'None','Cloudy', 'Yes']]
```

在构造随机森林的随机决策树时，通过有放回地随机抽取来选择训练数据的一个子集。

构建随机森林

接下来，构建一个包含 4 棵随机决策树的随机森林。

1. 编号为 0 的随机决策树的构建

将 10 个特征值作为输入数据，从中有放回地随机抽取 10 个特征值来构建决策树。

```
[['Warm','Strong','Cloudy','No'],['Cold','Breeze','Cloudy','No'],['Cold',
'None','Sunny','Yes'],['Cold','Breeze','Cloudy','No'],['Hot','Breeze',
'Cloudy','Yes'],['Warm','Strong','Cloudy','No'],['Hot', 'Breeze','Cloudy',
'Yes'],['Hot','Breeze','Cloudy','Yes'],['Cold','Breeze', 'Cloudy','No'],
['Warm','Breeze','Sunny','Yes']]
```

从根节点开始构建树的第一个节点，并添加子节点到根节点 [root] 上。

现在有以下可用变量：['Temperature', 'Wind', 'Sunshine']。由于变量个数小于参数 m，$m=4$，所以使用所有的变量构建树。在可用变量中，Temperature 的信息增益最高。因此，根据 Temperature 进一步添加节点分支，并从当前节点的子节点可用变量列表中移除此变量。使用变量 Temperature 划分当前节点的数据集，结果如下：

- 分区 Temperature=Cold:[['Cold','Breeze','Cloudy','No'], ['Cold', 'None', 'Sunny', 'Yes'], ['Cold', 'Breeze', 'Cloundy', 'No'], ['Cold', 'Breeze', 'Cloudy', 'No']];
- 分区 Temperature = Warm: [['Warm', 'Strong', 'Cloudy', 'No'], ['Warm', 'Strong', 'Clondy', 'No'], ['Warm', 'Breeze', 'Sunny', 'Yes']];
- 分区 Temperature = Hot: [['Hot', 'Breeze', 'Cloudy', 'Yes'], ['Hot', 'Breeze', 'Clondy', 'Yes'], ['Hot', 'Breeze', 'Cloudy', 'Yes']]。

现在，使用上述分区创建分支和子节点。

添加子节点 [Temperature=Cold] 到根节点 [root] 上，该分支分类了 4 个特征值：[['Cold', 'Breeze', 'Cloudy', 'No'], ['Cold', 'None', 'Sunny', 'Yes'], ['Cold', 'Breeze', 'Cloudy', 'No'], ['Cold', 'Breeze', 'Cloudy', 'No']]。

此时为节点 [Temperature = Cold] 添加子节点。

有以下可用变量：['Wind', 'Sunshine']。由于变量个数小于参数 m，所以使用所有的变量构建树。在可用变量中，Wind 的信息增益最高。于是，根据 Wind 进一步添加节点分支，并从当前节点的子节点可用变量列表中移除此变量。使用变量 Wind 划分当前节点的数据集，结果如下：

- 分区 Wind = None:[['Cold','None','Sunny', 'Yes']];
- 分区 Wind = Breeze: [['Cold', 'Breeze', 'Cloundy', 'No'],['Cold','Breeze', 'Cloudy', 'No'], ['Cold', 'Breeze', 'Cloudy', 'No']]。

现在，使用上述分区创建分支和子节点。

添加子节点 [Wind=None] 到节点 [Temperature=Cold] 上。该分支分类了一个特征值：['Cold', 'None', 'Sunny', 'Yes']。

现在为节点 [Wind = None] 添加子节点。

有以下可用变量：['Sunshine']，由于变量个数小于参数 m，所以使用所有的变量构建树。在可用变量中，变量 Sunshine 信息增益最高。因此，根据 Sunshine 进一步添加节点分支，并从当前节点的子节点可用变量列表中移除此变量。对于选定的变量 Sunshine，该节点下的所有特征值包含相同的属性值：Sunny，因此，添加叶节点 [Play=Yes] 结束这一分支。

添加子节点 [Wind=Breeze] 到节点 [Temperature=Cold] 上。该分支分类了 3 个特征值：[['Cold','Breeze','Cloudy','No'], ['Cold','Breeze','Cloudy','No'],['Cold','Breeze','Cloudy','No']]。

现在为节点 [Wind = Breeze] 添加子节点。

有以下可用变量：['Sunshine']，由于变量个数小于参数 m，所以使用所有的变量构建树。在可用变量中，变量 Sunshine 信息增益最高。因此，根据 Sunshine 进一步添加节点分支，并从当前节点的子节点可用变量列表中移除此变量。对于选定的变量 Sunshine，该节点下的所有特征值包含相同的属性值：Cloudy，因此，添加叶节点 [Play=No] 结束这一分支。

现在已经为节点 [Temperature=Cold] 添加完了所有的子节点。

添加子节点 [Temperature=Warm] 到根节点 [root] 上，该分支分类了 3 个特征值：[['Warm','Strong','Cloudy','No'], ['Warm', 'Strong','Cloudy','No'],['Warm','Breeze','Sunny','Yes']]。

现在为节点 [Temperature = Warm] 添加子节点。

有以下可用变量：['Wind','Sunshine']。由于变量个数小于参数 m，所以使用所有的变量构建树。在可用变量中，Wind 的信息增益最高。于是，根据 Wind 进一步添加节点分支，并从当前节点的子节点可用变量列表中移除此变量。使用变量 Wind 划分当前节点的数据集，结果如下：

- 分区 Wind = Breeze:[['Warm','Breeze', 'Sunny', 'Yes']]；
- 分区 Wind = Strong: [['Warm', 'Strong', 'Cloudy', 'No'], ['Warm', 'Strong', 'Cloudy', 'No']]。

现在使用上述分区创建分支和子节点。

添加子节点 [Wind=Breeze] 到节点 [Temperature=Warm] 上。该分支分类了一个特征值：['Warm', 'Breeze', 'Sunny', 'Yes']。

现在为节点 [Wind = Breeze] 添加子节点。

有以下可用变量：['Sunshine']，由于变量个数小于参数 m，所以使用所有的变量构建树。在可用变量中，变量 Sunshine 信息增益最高。因此，根据 Sunshine 进一步添加节点分支，并从当前节点的子节点可用变量列表中移除此变量。对于选定的变量 Sunshine，该节点下的所有特征值包含相同的属性值：Sunny，最后，添加叶节点 [Play=Yes] 结束这一分支。

添加子节点 [Wind=Strong] 到节点 [Temperature=Warm] 上。该分支分类了两个特征值：[['Warm', 'Strong', 'Cloudy', 'No'], ['Warm', 'Strong', 'Cloudy', 'No']]。

现在为节点 [Wind = Strong] 添加子节点。

有以下可用变量：['Sunshine']，由于变量个数小于参数 m，所以使用所有的变量构建树。在可用变量中，变量 Sunshine 信息增益最高。因此，根据 Sunshine 进一步添加节点分支，并从当前节点的子节点可用变量列表中移除此变量。对于选定的变量 Sunshine，该节点下的所有特征值包含相同的属性值：Cloudy，因此，添加叶节点 [Play=No] 结束这一分支。

现在已经为节点 [Temperature=Warm] 添加完了所有的子节点。

添加子节点 [Temperature=Hot] 到根节点 [root] 上，该分支分类了 3 个特征值：[['Hot', 'Breeze', 'Cloudy', 'Yes'], ['Hot', 'Breeze', 'Cloudy', 'Yes'], ['Hot', 'Breeze', 'Cloudy', 'Yes']]。

现在为节点 [Temperature = Hot] 添加子节点。

有以下可用变量：['Wind', 'Sunshine']。由于变量个数小于参数 m，所以使用所有的变量构建树。在可用变量中，Wind 的信息增益最高。于是，根据 Wind 进一步添加节点分支，并从当前节点的子节点可用变量列表中移除此变量。对于选定的变量 Wind，该节点下的所有特征值包含相同的属性值：Breeze，因此，添加叶节点 [Play=Yes] 结束这一分支。

现在已经将所有的子节点添加至根节点 [root] 上。

2. 编号为 1、2、3 的随机决策树的构建

以类似的方式构建余下的树。你应当注意到，构建树的过程是一个随机的过程，因此，不同的读者在执行程序的过程中会得到不同的树结构。

但是，如果在构建随机森林的过程中保持有足够多的随机决策树，那么构造的所有随机森林的分类结果应当是非常相近的。

在程序输出文件 source_code/4/chess.out 中可以查看完整的构造过程。

随机森林图如下。

```
Tree 0:
    Root
    ├──── [Temperature=Cold]
    │    ├──── [Wind=None]
    │    │    └──── [Play=Yes]
    │    └──── [Wind=Breeze]
    │         └──── [Play=No]
    ├──── [Temperature=Warm]
    │    ├──── [Wind=Breeze]
    │    │    └──── [Play=Yes]
    │    └──── [Wind=Strong]
    │         └──── [Play=No]
    └──── [Temperature=Hot]
          └──── [Play=Yes]
```

```
    Tree 1:  Root ├────[Wind=Breeze] │ └──── [Play=No] ├──── [Wind=None]
│ │──[Temperature=Cold] │ │ └──── [Play=Yes] │ ├──── [Temperature=War │ │
├──[Sunshine=Sunny] │ │ │ └──── [Play=Yes] │ │ └──── [Sunshine=Cloudy] │
│ └──── [Play=Yes] │ └── [Temperature=Hot] │ └── [Play=No] └──
[Wind=Strong] ├── [Temperature=Cold] │ └── [Play=No] └──
[Temperature=Warm] └──── [Play=No]
```

```
    Tree 2:
    Root
    ├──── [Wind=Strong]
    │    └── [Play=No]
    ├──── [Wind=None]
    │    ├──── [Temperature=Cold]
    │    │    └──── [Play=Yes]
    │    └──── [Temperature=Warm]
    │         └──── [Play=Yes]
    └──── [Wind=Breeze]
          ├──── [Temperature=Hot]
          │    └──── [Play=Yes]
          └──── [Temperature=Warm]
               └──── [Play=Yes]
```

```
Tree 3:
    Root
    ├──── [Temperature=Cold]
    │     └──── [Play=No]
    ├──── [Temperature=Warm]
    │     ├──── [Wind=Strong]
    │     │     └──── [Play=No]
    │     ├──── [Wind=None]
    │     │     └──── [Play=Yes]
    │     └──── [Wind=Breeze]
    │           └──── [Play=Yes]
    └──── [Temperature=Hot]
          ├──── [Wind=Strong]
          │     └──── [Play=Yes]
          └──── [Wind=Breeze]
                └──── [Play=Yes]
```

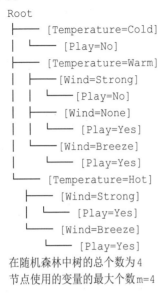

在随机森林中树的总个数为 4
节点使用的变量的最大个数 m=4

[归类]

根据构建的随机森林划分特征值 ['Warm', 'Strong', 'Sunny', '?'] 的类别。

- 编号为 0 的树投票的类：No。
- 编号为 1 的树投票的类：No。
- 编号为 2 的树投票的类：No。
- 编号为 3 的树投票的类：No。

投票最多的类别为 No。因此，随机森林将特征值 ['Warm', 'Strong', 'Sunny', '?'] 划分到类别 No 中。

[输入]

使用 3.3 小节中介绍的程序来进一步分析下棋案例。首先，将表中的数据放到下面的 CSV 文件中：

```
# source_code/4/chess.csv
Temperature,Wind,Sunshine,Play
Cold,Strong,Cloudy,No
Warm,Strong,Cloudy,No
Warm,None,Sunny,Yes
Hot,None,Sunny,No
```

```
Hot,Breeze,Cloudy,Yes
Warm,Breeze,Sunny,Yes
Cold,Breeze,Cloudy,No
Cold,None,Sunny,Yes
Hot,Strong,Cloudy,Yes
Warm,None,Cloudy,Yes
Warm,Strong,Sunny,?
```

[输出]

在命令行中输入以下命令：

$ python random_forest.py chess.csv 4 2 > chess.out

其中，参数 4 表示要构建 4 棵决策树，参数 2 表示程序的信息复杂度，包括对随机森林、特征分类和随机森林图形的详细解释。末尾的"> chess.out"表示将输出结果写入到 swim.out 文件。输出文件可在 source_code/4 目录下查询得到。由于输出结果较大且重复，这里只展现了一部分随机森林的构造与分析流程。

4.5 购物分析——克服随机数据的不一致性以及度量置信水平

继续使用前面讲过的购物偏好问题。表 4-3 显示我们的好友 Jane 的购物偏好数据。

表 4-3

温度	是否下雨	是否购物
Cold	None	Yes
Warm	None	No
Cold	Strong	Yes
Cold	None	No
Warm	Strong	No
Warm	None	Yes
Cold	None	?

在第 3 章中，决策树未能对特征值（Cold，None）进行分类。这里，

我们采用随机森林算法，分析在外面天气很冷但是未下雨的情形下，Jane 是否会去购物。

[分析]

为了演示随机森林算法的分析过程，我们使用 3.3 节中已有的程序。

[输入]

将表中的数据放到下面的 CSV 文件中：

```
# source_code/4/shopping.csv
Temperature,Rain,Shopping
Cold,None,Yes
Warm,None,No
Cold,Strong,Yes
Cold,None,No
Warm,Strong,No
Warm,None,Yes
Cold,None,?
```

[输出]

这里希望构建比前面的示例稍多一些的决策树，因此我们将构造含有 20 棵树的随机森林，并且将低级别的输出信息复杂度配置为 0 级。在命令行终端执行：

```
$ python random_forest.py shopping.csv 20 0
***Classification***
Feature: ['Cold', 'None', '?']
Tree 0 votes for the class: Yes
Tree 1 votes for the class: No
Tree 2 votes for the class: No
Tree 3 votes for the class: No
Tree 4 votes for the class: No
Tree 5 votes for the class: Yes
Tree 6 votes for the class: Yes
Tree 7 votes for the class: Yes
Tree 8 votes for the class: No
Tree 9 votes for the class: Yes
Tree 10 votes for the class: Yes
Tree 11 votes for the class: Yes
Tree 12 votes for the class: Yes
Tree 13 votes for the class: Yes
Tree 14 votes for the class: Yes
Tree 15 votes for the class: Yes
```

```
Tree 16 votes for the class: Yes
Tree 17 votes for the class: No
Tree 18 votes for the class: No
Tree 19 votes for the class: No
```

得票数最多的类别是 Yes。因此，随机森林将特征值 ['Cold', 'None', '?'] 归类到 Yes。

然而，在输出的结果中，20 棵树中只有 12 棵树投票给 Yes。因此，正如普通的决策树不能给出最终决策结果一样，在这里，虽然得到了明确的答案，但答案可能不是百分百确定的。不过，不同于决策树的是，这里不会因为数据不一致而得不到答案。

此外，通过衡量每一个类别的投票权重，我们可以度量结果正确性的置信水平。在这种情况下，特征 ['Cold','None','?'] 属于 Yes 类的置信度为 12/20，即 0.6。为了获取更准确的分类置信度，我们需要更多的决策树。

4.6 小结

随机森林由一系列决策树组成，每一棵决策树都由从初始数据中有放回地随机抽取的样本生成，这一过程称为装袋法，它可以减少随机森林分类器的方差和偏差。针对每一个树分支，我们仅仅考虑变量的一个随机子集，这使得在构建决策树期间偏差得到了进一步降低。

一旦随机森林构建完成，它的归类结果由森林中的全部决策树投票表决，得票数最多的类为最终结果。因此，得票多的那方的参与数量决定了结果正确性的置信水平。

因为随机森林是由一系列决策树构成，所以决策树适用的案例，随机森林也能很好地适用。同时，随机森林减少了决策树分类器中存在的偏差和方差，因而它的性能比决策树的性能更加优越。

4.7 习题

1. 再次回顾第 2 章朴素贝叶斯中的例子，如表 4-4 所示，根据随机森林算法，如何对样本数据 ('Warm', 'Strong', 'Spring') 进行分类？

表4-4

温度	风速	季节	是否
Cold	Strong	Winter	No
Warm	Strong	Autumn	No
Warm	None	Summer	Yes
Hot	None	Spring	No
Hot	Breeze	Autumn	Yes
Warm	Breeze	Spring	Yes
Cold	Breeze	Winter	No
Cold	None	Spring	Yes
Hot	Strong	Summer	Yes
Warm	None	Autumn	Yes
Warm	Strong	Spring	?

2. 只使用含有一棵树的随机森林是一个好的想法吗？验证你的结论。

3. 交叉验证是否可以提高随机森林的分类结果？验证你的结论。

[分析]

1. 运行之前的程序来构建随机森林，并将特征值('Warm', 'Strong', 'Spring')进行归类。

[输入]

source_code/4/chess_with_seasons.csv

```
Temperature,Wind,Season,Play
Cold,Strong,Winter,No
Warm,Strong,Autumn,No
Warm,None,Summer,Yes
Hot,None,Spring,No
Hot,Breeze,Autumn,Yes
Warm,Breeze,Spring,Yes
Cold,Breeze,Winter,No
Cold,None,Spring,Yes
Hot,Strong,Summer,Yes
Warm,None,Autumn,Yes
Warm,Strong,Spring,?
```

[输出]

在随机森林中构建 4 棵树：

```
$ python chess_with_seasons.csv 4 2 > chess_with_seasons.out
```

整个构建和分析的过程存储在文件 source_code/4/chess_with_seasons.out 中。因为涉及随机性，你的构造可能与上述所示有差异。考虑到运行过程中产生的随机数，可以从输出结果中获得由随机决策树组成的随机森林图。

运行上述的命令行两次，很可能得到不同的输出和随机森林图，但是因为随机决策树的重复性以及集体的投票机制，归类的结果很大可能是相似的。一棵随机决策树的归类结果可能与实际情况有较大差异，但是，多数票表决法组合了所有决策树的归类结果，因而降低了差异性。为了验证你的理解，你可以将你的归类结果和下方的随机森林图进行比较。

以下是随机森林图的输出以及特征值的归类结果：

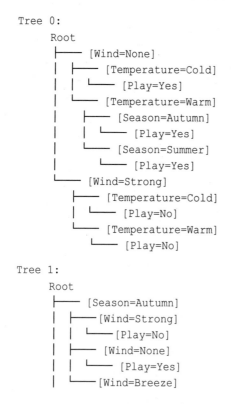

```
Tree 0:
    Root
    ├──── [Wind=None]
    │   ├──── [Temperature=Cold]
    │   │   └──── [Play=Yes]
    │   └──── [Temperature=Warm]
    │       ├──── [Season=Autumn]
    │       │   └──── [Play=Yes]
    │       └──── [Season=Summer]
    │           └──── [Play=Yes]
    └──── [Wind=Strong]
        ├──── [Temperature=Cold]
        │   └──── [Play=No]
        └──── [Temperature=Warm]
            └──── [Play=No]

Tree 1:
    Root
    ├──── [Season=Autumn]
    │   ├──── [Wind=Strong]
    │   │   └──── [Play=No]
    │   ├──── [Wind=None]
    │   │   └──── [Play=Yes]
    │   └──── [Wind=Breeze]
```

```
|         └──   [Play=Yes]
├──   [Season=Summer]
|         └──   [Play=Yes]
├──   [Season=Winter]
|         └──   [Play=No]
└──   [Season=Spring]
      ├──   [Temperature=Cold]
      |     └──   [Play=Yes]
      └──   [Temperature=Warm]
            └──   [Play=Yes]

Tree 2:
    Root
    ├──   [Season=Autumn]
    |    ├──   [Temperature=Hot]
    |    |    └──   [Play=Yes]
    |    └──   [Temperature=Warm]
    |         └──   [Play=No]
    ├──   [Season=Spring]
    |    ├──   [Temperature=Cold]
    |    |    └──   [Play=Yes]
    |    └──   [Temperature=Warm]
    |         └──   [Play=Yes]
    ├──   [Season=Winter]
    |    └──   [Play=No]
    └──   [Season=Summer]
         ├──   [Temperature=Hot]
         |    └──   [Play=Yes]
         └──   [Temperature=Warm]
              └──   [Play=Yes]

Tree 3:
    Root
    ├──   [Season=Autumn]
    |    ├── [Wind=Breeze]
    |    |    └──   [Play=Yes]
    |    ├──  [Wind=None]
    |    |    └──   [Play=Yes]
    |    └── [Wind=Strong]
    |         └──   [Play=No]
    ├──   [Season=Spring]
    |    ├──   [Temperature=Cold]
    |    |    └──   [Play=Yes]
```

```
|       └────  [Temperature=Warm]
|              └────   [Play=Yes]
├────  [Season=Winter]
|       └────   [Play=No]
|       └────  [Season=Summer]
                └────  [Play=Yes]
```

随机森林中决策树的数量为4
节点使用的变量的最大个数m=4
分类
特征值：['Warm'，'Strong'，'Spring'，'?']
编号0决策树投票给：No
编号1决策树投票给：Yes
编号2决策树投票给：Yes
编号3决策树投票给：Yes
得票数最多的类别是'Yes'。因此，构建的随机森林将特征值['Warm'，'Strong'，'?']归类到'Yes'

2. 当构建随机森林中的一棵树时，有放回地使用原始数据的一个随机子集，以消除分类器在某些特征值上的偏差。然而，如果只使用一棵树，这棵树可能倾向性地包含了某部分特征值，而丢失了能够提供精确分类的重要特征值。因此，只有一棵决策树的随机森林分类器可能产生一个差强人意的分类结果。所以，为了降低分类结果的偏差和方差，应该在随机森林中尽可能多的构建决策树。

3. 在交叉验证中，我们将数据集划分为训练数据和测试数据。训练数据用于训练分类器，测试数据用来评估哪一个参数和方法可以最好地改善归类结果。交叉验证的另一个优点是减小了偏差。由于只使用了部分数据，因此降低了某些特殊数据集导致过拟合的可能性。

然而，决策森林用另一种方法处理了交叉验证所解决的问题。每一棵随机决策树都是基于原始数据的一个子集构建，这降低了过拟合的可能性。在最后，通过组合每棵树的投票结果得到最终归类结果。最后的最优决策并不是通过调整测试数据集的参数获得的，而是使用全部决策树的多数票决结果，以此降低偏差。

所以，交叉验证在决策森林算法中用处不大，因为它已经包含在这一算法里了。

第5章
k-means聚类

聚类分析是一种将数据划分为多个组（簇）的技术，同一组（簇）中数据的特征在某种意义上是相似的。

本章将会介绍以下内容：

- k均值聚类算法在家庭收入案例中的应用；
- 以性别分类为例，将特征值优先与已知类别的特征值进行聚类，以此实现分类；
- 5.3节详述了如何用Python实现k-means聚类算法；
- 房屋所有权案例分析，以及分析如何选择合适的簇数量；
- 以文档聚类为例，理解簇数量的不同如何影响簇之间分界线的含义。

5.1 家庭收入——聚类为 k 个簇

以年收入为4万、5.5万、7万、10万、11.5万、13万和13.5万美元的家庭为例。将他们的收入视作（簇内）相似度的衡量标准。如果将家庭分成两个组，那么第一个组包含收入为4万、5.5万、7万美元的家庭；第二个组包含收入10万、11.5万、13万和13.5万美元。

（这样分类）是因为4万和13.5万离彼此最远，需要有两个组，且它们必须在不同的组中。5.5万比13.5万更接近4万，所以4万和5.5万将在同一个组中。同样，13万和13.5万将在同一个组。7万比13万和13.5万更接近4万和5.5万，所以7万应该在4万和5.5万的组中。11.5万比第一个组的4万、5.5万和7万更接近13万和13.5万，因此它将在第二个组中。最后，10 万更靠近第二个组的 11.5 万、13 万和 13.5 万，所以它将在这个组中。因此，第一个组包含年收入为 4 万、5.5 万和 7 万的家庭。第二组包含年收入为 10 万、11.5 万、13 万和 13.5 万的家庭。

聚类是一种分类形式，它将拥有相似属性值的特征聚到一起并分配到一个簇中。数据科学家需要解释聚类的结果以及它引导的分类形式。年收入为 4 万、5.5 万、7 万美元的家庭代表低收入家庭类别；年收入 10 万、11.5 万、13 万和 13.5 万美元的家庭代表高收入家庭类别。

本节将以基于直觉和常识的非正式方式将家庭聚类为两个组。许多聚类算法是依据精确的规则聚集数据的，这些算法包括模糊 c 均值聚类算法、层次聚类算法、高斯（EM）聚类算法、质量阈值聚类算法和本文重点研究的 k-means 聚类算法。

5.1.1　k-means聚类算法

k-means 聚类算法将给定点分为 k 个组，使得同一组成员之间的距离最小。

k-means 聚类算法（首先）确定 k 个初始质心（指向聚类中心的点）——每个聚类（簇）包含一个质心，然后将每个特征值分类给距离它最近的质心所在的聚类。对所有特征值完成分类后，就形成了初始的 k 个聚类。

重新计算每个聚类的质心，即计算该集群中所有点的平均值。质心移动后，再次重新计算分类。特征值所属类别可能会发生改变。因此，不得不重新计算质心。如果质心不再移动，则 k-means 聚类算法终止。

1.　初始 k 个质心选取

这里可以选取待分类数据中任意 k 个特征值作为最初的 k 个质心。但理想情况下，我们希望在开始的时候就已经选取了属于不同簇的点。因此，可以通过某种方式来最大化质心间的距离。简单而言，可以首先选择特征值中的任何一个点作为第一个质心。第二个质心可能是距离第一个点最远的那个点。第三个质心可以是离第一个点和第二个点最远的那个点，以此类推。

2. 计算给定簇的质心

簇的质心只是聚类中所有点的平均值。如果一个聚类包含坐标为 x_1, $x_2,\cdots,x_n$ 的一维点，则该簇的质心为 $(1/n) * (x_1 + x_2 + \cdots + x_n)$。如果一个簇包含坐标为 (x_1, y_1)，(y_1, y_2)，$\cdots$，(x_n, y_n) 的二维点，则该簇质心的 x 坐标值为 $(1/n) * (x_1 + x_2 + \cdots + x_n)$，$y$ 坐标值为 $(1/n) * (y_1 + y_2 + \cdots + y_n)$。

这个计算容易推广到更高的维度。如果 x 坐标的高维特征的值是 x_1, $x_2,\cdots,x_n$，则质心的 x 坐标的值是 $(1/n) * (x_1 + x_2 + \cdots + x_n)$。

5.1.2　以家庭收入为例的k-means聚类算法

把 k-means 聚类算法应用于家庭收入的例子中。假设有收入为 4 万、5.5 万、7 万、10 万、11.5 万、13 万和 13.5 万美元的家庭。

选择的第一个质心可以为任意一个特征值，例如 7 万。第二个质心应该是距离第一个质心最远的那个特征值。因为 13.5 万 – 7 万是 6.5 万，这是所有特征值和 7 万之间的最大距离，所以（第二个质心）为 13.5 万。因此 7 万是第一个簇的质心，13.5 万是第二个簇的质心。

现在 4 万、5.5 万、7 万、10 万距离 7 万比 13 万近，所以它们会在第一个簇中。特征值 11.5 万、13 万和 13.5 万距离 7 万比 13 万远，因此它们将在第二个簇中。

在根据初始质心对特征值进行分类之后，重新计算质心。$(1/4) \times (4$ 万 $+ 5.5$ 万 $+ 7$ 万 $+ 10$ 万$) = (1/4) \times 26.5$ 万 $= 6.625$ 万。

第二个簇的质心是 $(1/3) \times (11.5$ 万 $+ 13$ 万 $+ 13.5$ 万$) = (1/3) \times 38$ 万 ≈ 12.666 万。

用新的质心重新分类的特征值如下：

- 质心为6.625万的第一个簇将包含特征值4万、5.5万、7万；
- 质心为12.666万的第二个簇将包含特征值10万、11.5万、13万和13.5万。

需要注意的是，特征值 10 万从第一簇移动到了第二簇，因为现在它更接近第二簇的质心（距离第一簇 | 10 万 – 12.666 万 | = 2.666 万），（距离第二簇 | 10 万 – 6.625 万 | =3.375 万）。由于簇中的特征值发生了变化，所以必须重新计算质心。

第一簇的质心是（1/3）×（4 万 + 5.5 万 + 7 万）=（1/3）×16.5 万 = 5.5 万。第二簇的质心是（1/4）×（10 万 + 11.5 万 + 13 万 + 13.5 万）=（1/4）× 48 万 = 12 万。

现使用这两个质心将特征值重新分配到簇中。第一个质心 5.5 万将包含特征值 4 万、5.5 万、7 万。第二质心 12 万将包含特征值 10 万、11.5 万、13 万、13.5 万。因此，在质心更新之后，聚类没有改变。所以它们的质心将保持不变。

因此，该算法终止于两个簇：第一簇具有 4 万、5.5 万、7 万的特征值；第二簇具有特征值 10 万、11.5 万、13 万、13.5 万。

5.2　性别分类——聚类分类

这里使用第 2 章章末练习第 6 题的性别分类数据，如表 5-1 所示。

表 5-1

高度（cm）	体重（kg）	头发长度	性别
180	75	Short	Male
174	71	Short	Male
184	83	Short	Male
168	63	Short	Male
178	70	Long	Male
170	59	Long	Female
164	53	Short	Female
155	46	Long	Female
162	52	Long	Female
166	55	Long	Female
172	60	Long	?

为了简化这个问题，我们将移除头发长度。同时想根据人们的身高和体重来聚集表中的人，因此也移除了性别，最终数据如表 5-2 所示。我们希望通过聚类知道表中的第 11 个人更可能是男性还是女性。

表 5-2

高度（cm）	质量（kg）
180	75
174	71
184	83
168	63
178	70
170	59
164	53
155	46
162	52
166	55
172	60

[分析]

可以将比例缩放应用于初始数据，但为了简化问题，算法使用未缩放的数据。将现有数据聚类到两个簇中，因为性别只有两种可能——男性或者女性。所以，我们的目标是将身高 172cm、质量 60kg 的人进行归类，当且仅当其所在簇中男性更多时，这个人才更可能是男性。聚类算法是一种非常高效的技术。这种分类方法非常快速，特别是当有大量待分类特征值的时候。

现在，将 k-means 聚类算法应用于数据中。首先选择初始质心。第一个质心为身高 180cm、质量 75kg 的人，矢量表示为（180,75）。那么离（180,75）最远的点就是（155,46），因此这是第二个质心。

根据欧几里德距离计算，（180,75）、（174,71）、（184,83）、（168,63）、（178,70）、（170,59）、（172,60）这些点距离第一个质心（180，75）更近，因此将其归属到第一个簇。更接近第二个质心（155,46）的点是（155,46）、（164,53）、（162,52）、（166,55），所以这些点将在第二个簇中。图 5-1 中显示这两个集群的现状。

重新计算集群的质心。具有特征值（180,75）、（174,71）、（184,83）、（168,63）、（178,70）、（170,59）、（172,60）的蓝色簇的质心（（180 + 174 + 184 + 168 + 178 + 170 + 172）/7，（75 + 71 + 83 + 63 + 70 + 59 + 60）/7）≈

（175.14,68.71）。

　　具有特征值（155,46）、（164,53）、（162,52）、（166,55）的红色簇的质心（(155＋164＋162＋166)／4,(46＋53＋52＋55)／4)＝(161.75,51.5)。

　　使用新质心对点重新分类，点的类别没有发生改变。蓝色的簇包含点（180,75）、（174,71）、（184,83）、（168,63）、（178,70）、（170,59）、（172,60）。红色的簇包含点（155,46）、（164,53）、（162,52）、（166,55）。聚类算法终止，结果如图5-2所示。

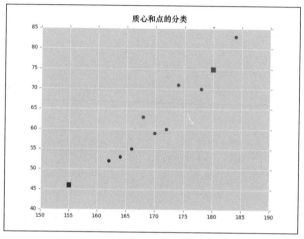

图 5-1

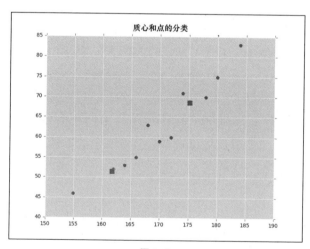

图 5-2

现在我们希望确定这个实例（172,60）的类别为男性还是女性。实例（172,60）位于蓝色群集中，所以它与蓝色簇中的特征值相似。蓝色簇中的其余特征值更可能是男性还是女性呢？6 个特征中的 5 个特征值是男性，只有 1 个特征值是女性。由于蓝色簇中大部分特征值是男性，实例（172,60）也在蓝色簇中，所以我们将身高 172cm、质量 60kg 的人分类为男性。

5.3　k-means 聚类算法的实现

本节以每行一个数据项的 CSV 文件作为输入，来实现 k-means 聚类算法。一个数据项被转换成一个点。算法将这些点分类到指定数量的簇中。最后，使用 matplotlib 库在图上可视化簇：

```
# source_code/5/k-means_clustering.py
import math
import imp
import sys
import matplotlib.pyplot as plt
import matplotlib
import sys
sys.path.append('../common')
import common # noqa
matplotlib.style.use('ggplot')


# 返回给定数据点的k个初始质心
def choose_init_centroids(points, k):
    centroids = []
    centroids.append(points[0])
    while len(centroids) < k:
        # 找到与最近的已选择质心的数据点之间距离最大的点作为质心
        candidate = points[0]
        candidate_dist = min_dist(points[0], centroids)
        for point in points:
            dist = min_dist(point, centroids)
            if dist > candidate_dist:
                candidate = point
                candidate_dist = dist
        centroids.append(candidate)
    return centroids

# 返回点与点的集合中最近的距离
```

```
def min_dist(point, points):
    min_dist = euclidean_dist(point, points[0])
    for point2 in points:
        dist = euclidean_dist(point, point2)
        if dist < min_dist:
            min_dist = dist
    return min_dist
```

```
# 返回两个二维点的欧几里德距离
def euclidean_dist((x1, y1), (x2, y2)):
    return math.sqrt((x1 - x2) * (x1 - x2) + (y1 - y2) * (y1 - y2))
```

```
# PointGroup是一个元组，它在第一个坐标中包含一个二维点，第二个坐标是这个点被分到的组
def choose_centroids(point_groups, k):
    centroid_xs = [0] * k
    centroid_ys = [0] * k
    group_counts = [0] * k
    for ((x, y), group) in point_groups:
        centroid_xs[group] += x
        centroid_ys[group] += y
        group_counts[group] += 1
    centroids = []
    for group in range(0, k):
        centroids.append((
            float(centroid_xs[group]) / group_counts[group],
            float(centroid_ys[group]) / group_counts[group]))
    return centroids
```

```
# 返回最接近该点的质心编号
# 质心的编号就是该点所属的组的编号
def closest_group(point, centroids):
    selected_group = 0
    selected_dist = euclidean_dist(point, centroids[0])
    for i in range(1, len(centroids)):
        dist = euclidean_dist(point, centroids[i])
        if dist < selected_dist:
            selected_group = i
            selected_dist = dist
    return selected_group
```

```
# 根据数据点最接近的质心，将数据点重新分组
def assign_groups(point_groups, centroids):
    new_point_groups = []
    for (point, group) in point_groups:
        new_point_groups.append(
```

```
            (point, closest_group(point, centroids)))
    return new_point_groups

# 给定数据点列表，返回pointgroups元组列表
def points_to_point_groups(points):
    point_groups = []
    for point in points:
        point_groups.append((point, 0))
    return point_groups

# 将数据点聚类到k个组，将算法的每个阶段添加到返回的历史中
def cluster_with_history(points, k):
    history = []
    centroids = choose_init_centroids(points, k)
    point_groups = points_to_point_groups(points)
    while True:
        point_groups = assign_groups(point_groups, centroids)
        history.append((point_groups, centroids))
        new_centroids = choose_centroids(point_groups, k)
        done = True
        for i in range(0, len(centroids)):
            if centroids[i] != new_centroids[i]:
                done = False
                break
        if done:
            return history
        centroids = new_centroids

# 程序启动
csv_file = sys.argv[1]
k = int(sys.argv[2])
everything = False
# 第三个参数sys.argv[3]表示算法从0开始显示的步数，或者用"last"显示最后一步和步数
if sys.argv[3] == "last":
    everything = True
else:
    step = int(sys.argv[3])

data = common.csv_file_to_list(csv_file)
points = data_to_points(data)  # Represent every data item by a point.
history = cluster_with_history(points, k)
if everything:
    print "The total number of steps:", len(history)
    print "The history of the algorithm:"
    (point_groups, centroids) = history[len(history) - 1]
    # 输出所有历史
```

```
        print_cluster_history(history)
        # 但仅在最后一步以图形方式显示情况
        draw(point_groups, centroids)
    else:
        (point_groups, centroids) = history[step]
        print "Data for the step number", step, ":"
        print point_groups, centroids
        draw(point_groups, centroids)
```

5.3.1　性别分类的输入数据

将性别分类实例的数据保存为 CSV 文件：

#source_code/5/persons_by_height_and_weight.csv
```
180,75
174,71
184,83
168,63
178,70
170,59
164,53
155,46
162,52
166,55
172,60
```

5.3.2　性别分类数据的程序输出

执行该程序，对来自性别分类示例的数据执行 k-means 聚类算法。参数 2 意味着数据将被聚类成 2 个簇：

```
$ python k-means_clustering.py persons_by_height_weight.csv 2 last
The total number of steps: 2
The history of the algorithm:
Step number 0: point_groups = [((180.0, 75.0), 0), ((174.0, 71.0),
0),((184.0, 83.0), 0), ((168.0, 63.0), 0), ((178.0, 70.0), 0), ((170.0,
59.0),0), ((164.0, 53.0), 1), ((155.0, 46.0), 1), ((162.0, 52.0), 1),
((166.0,55.0), 1), ((172.0, 60.0), 0)]
    centroids = [(180.0, 75.0), (155.0, 46.0)]
    Step number 1: point_groups = [((180.0, 75.0), 0), ((174.0, 71.0),
0),((184.0, 83.0), 0), ((168.0, 63.0), 0), ((178.0, 70.0), 0), ((170.0,
59.0),0), ((164.0, 53.0), 1), ((155.0, 46.0), 1), ((162.0, 52.0), 1),
((166.0,55.0), 1), ((172.0, 60.0), 0)]
```

```
centroids = [(175.14285714285714, 68.714285714228571), (161.75, 51.5)]
```

该程序还输出了一张图，如图 5-2 所示。最后一个参数 last 意味着程序进行聚类直到最后一步。如果只想显示第一步（步骤 0），可以将最后一个参数变为 0 来运行：

$ python k-means_clustering.py persons_by_height_weight.csv 2 0

程序执行完毕后，我们可以得到初始步骤的簇及其质心的图像，如图 5-1 所示。

5.4 房产所有权示例——选择簇的数量

借用第 1 章中房产所有权的案例，样本如表 5-3 所示。

表 5-3

年龄（岁）	年收入（美元）	房产所有权状态
23	50 000	无房者
37	34 000	无房者
48	40 000	有房者
52	30 000	无房者
28	95 000	有房者
25	78 000	无房者
35	130 000	有房者
32	105 000	有房者
20	100 000	无房者
40	60 000	有房者
50	80 000	Peter

通过聚类分析预测 Peter 是否拥有房产。

[分析]

和第 1 章类似，由于收入坐标轴（比年龄坐标轴）大了好几个数量级，因此必须按比例缩放数据，从而减少在这类问题中具有良好预测能力的年龄坐标轴产生的影响。这是因为预计老年人比年轻人有更多的时间定居下来，然后省钱买房子。

这里应用与第 1 章相同的缩放尺度，获得表 5-4 所示数据。

表 5-4

年龄（年）	缩放年龄	年收入（美元）	缩放年收入	房产所有权状态
23	0.093 75	50 000	0.2	无房者
37	0.531 25	34 000	0.04	无房者
48	0.875	40 000	0.1	有房者
52	1	30 000	0	无房者
28	0.25	95 000	0.65	有房者
25	0.156 25	78 000	0.48	无房者
35	0.468 75	130 000	1	有房者
32	0.375	105 000	0.75	有房者
20	0	100 000	0.7	无房者
40	0.625	60 000	0.3	有房者
50	0.937 5	80 000	0.5	?

基于给定表格，为算法生成输入文件并执行，然后将这些特征值集中到两个簇中。

[输入]

```
# source_code/5/house_ownership2.csv
0.09375,0.2
0.53125,0.04
0.875,0.1
1,0
0.25,0.65
0.15625,0.48
0.46875,1
0.375,0.75
0,0.7
0.625,0.3
0.9375,0.5
```

[2 个簇的输出]

```
$ python k-means_clustering.py house_ownership2.csv 2 last
The total number of steps: 3
The history of the algorithm:
Step number 0: point_groups = [((0.09375, 0.2), 0), ((0.53125, 0.04),
0),((0.875, 0.1), 1), ((1.0, 0.0), 1), ((0.25, 0.65), 0), ((0.15625,
```

```
0.48),0), ((0.46875, 1.0), 0), ((0.375, 0.75), 0), ((0.0, 0.7), 0),
((0.625,0.3), 1), ((0.9375, 0.5), 1)]
    centroids = [(0.09375, 0.2), (1.0, 0.0)]
    Step number 1: point_groups = [((0.09375, 0.2), 0), ((0.53125, 0.04),
1),((0.875, 0.1), 1), ((1.0, 0.0), 1), ((0.25, 0.65), 0), ((0.15625,
0.48),0), ((0.46875, 1.0), 0), ((0.375, 0.75), 0), ((0.0, 0.7), 0),
((0.625,0.3), 1), ((0.9375, 0.5), 1)]
    centroids = [(0.26785714285714285, 0.5457142857142857), (0.859375, 0.225)]
    Step number 2: point_groups = [((0.09375, 0.2), 0), ((0.53125, 0.04),
1),((0.875, 0.1), 1), ((1.0, 0.0), 1), ((0.25, 0.65), 0), ((0.15625,
0.48),0), ((0.46875, 1.0), 0), ((0.375, 0.75), 0), ((0.0, 0.7), 0),
((0.625,0.3), 1), ((0.9375, 0.5), 1)]
    centroids = [(0.22395833333333334, 0.63), (0.79375, 0.188)]
```

结果如图 5-3 所示。

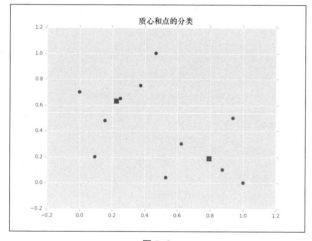

图 5-3

蓝色簇中包含已缩放的特征值（0.09375,0.2）、（0.25,0.65）、（0.15625,
0.48）、（0.46875,1）、（0.375,0.75）、（0,0.7） 或 未 缩 放 的 特 征 值（23,
50 000）、（28,95 000）、（25,78 000）、（35,130 000）、（32,105 000）、（20,
100 000）。红色簇中包含已缩放特征值（0.531 25,0.04）、（0.875,0.1）、（1,0）、
（0.625,0.3）、（0.937 5,0.5）或未缩放的特征值（37,34 000）、（48,40 000）、
（52,30 000）、（40,60 000）、（50,80 000）。

所以 Peter 属于红色的簇。不包括 Peter，红色簇中的有房者的比例是
多少？红色簇中 2/4（1/2）的人是有房者。因此，Peter 所属的红色簇在确

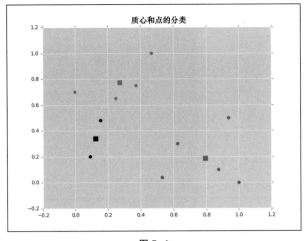

定 Peter 是不是有房者时并没有很好的预测能力。可以尝试将数据聚类到更多的簇中，以此希望能获得更纯的簇，从而可以更可靠地预测 Peter 是否有房产。因此，现尝试将数据聚类到 3 个簇中。

[3 个簇的输出]

```
$ python k-means_clustering.py house_ownership2.csv 3 last
The total number of steps: 3
The history of the algorithm:
Step number 0: point_groups = [((0.09375, 0.2), 0), ((0.53125, 0.04),
0),((0.875, 0.1), 1), ((1.0, 0.0), 1), ((0.25, 0.65), 2), ((0.15625,
0.48),0), ((0.46875, 1.0), 2), ((0.375, 0.75), 2), ((0.0, 0.7), 0),
((0.625, 0.3), 1), ((0.9375, 0.5), 1)]
    centroids = [(0.09375, 0.2), (1.0, 0.0), (0.46875, 1.0)]
    Step number 1: point_groups = [((0.09375, 0.2), 0), ((0.53125, 0.04),
1),((0.875, 0.1), 1), ((1.0, 0.0), 1), ((0.25, 0.65), 2), ((0.15625,
0.48),0), ((0.46875, 1.0), 2), ((0.375, 0.75), 2), ((0.0, 0.7), 2),
((0.625,0.3), 1), ((0.9375, 0.5), 1)]
    centroids=[(0.1953125,0.355),(0.859375,0.225),(0.3645833333333333,
0.7999999999999999)]
    Step number 2: point_groups = [((0.09375, 0.2), 0), ((0.53125, 0.04),
1), ((0.875, 0.1), 1), ((1.0, 0.0), 1), ((0.25, 0.65), 2), ((0.15625,
0.48),0), ((0.46875, 1.0), 2), ((0.375, 0.75), 2), ((0.0, 0.7), 2),
((0.625,0.3), 1), ((0.9375, 0.5), 1)]
    centroids = [(0.125, 0.33999999999999997), (0.79375, 0.188),
(0.2734375,0.7749999999999999)]
```

输出结果如图 5-4 所示。

图 5-4

红色的簇保持不变。因此，把数据分成 4 个簇。

[4 个簇的输出]

```
$ python k-means_clustering.py house_ownership2.csv 4 last
The total number of steps: 2
The history of the algorithm:
Step number 0: point_groups = [((0.09375, 0.2), 0), ((0.53125, 0.04),
0),((0.875, 0.1), 1), ((1.0, 0.0), 1), ((0.25, 0.65), 3), ((0.15625,
0.48),3), ((0.46875, 1.0), 2), ((0.375, 0.75), 2), ((0.0, 0.7), 3),
((0.625, 0.3), 1), ((0.9375, 0.5), 1)]
    centroids = [(0.09375, 0.2), (1.0, 0.0), (0.46875, 1.0), (0.0, 0.7)]
Step number 1: point_groups = [((0.09375, 0.2), 0), ((0.53125, 0.04),
0),((0.875, 0.1), 1), ((1.0, 0.0), 1), ((0.25, 0.65), 3), ((0.15625,
0.48),3), ((0.46875, 1.0), 2), ((0.375, 0.75), 2), ((0.0, 0.7), 3),
((0.625,0.3), 1), ((0.9375, 0.5), 1)]
    centroids = [(0.3125, 0.12000000000000001), (0.859375, 0.225),
(0.421875,0.875), (0.13541666666666666, 0.61)]
```

输出结果如图 5-5 所示。

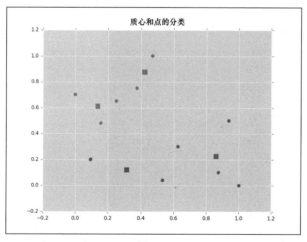

图 5-5

现在，Peter 所属的红色簇发生了变化。现在红色簇中的有房者比例是多少？如果不计算 Peter，红色簇中有 2/3 的人拥有房产。当聚类到 2 或 3 个簇中时，1/2 的比例并不能预测 Peter 是否是有房者。现在，不考虑

Peter，红色簇中的大部分人都是有房者。所以可以很大程度地相信 Peter 也应该是有房者。但如果要将 Peter 归类为有房者，2/3 仍然是一个相对较低的比例。现把数据分成 5 个簇，看看会发生什么。

[5个簇的输出]

```
$ python k-means_clustering.py house_ownership2.csv 5 last
The total number of steps: 2
The history of the algorithm:
Step number 0: point_groups = [((0.09375, 0.2), 0), ((0.53125, 0.04),
0),((0.875, 0.1), 1), ((1.0, 0.0), 1), ((0.25, 0.65), 3), ((0.15625,
0.48),3), ((0.46875, 1.0), 2), ((0.375, 0.75), 2), ((0.0, 0.7), 3),
((0.625,0.3), 4), ((0.9375, 0.5), 4)]
    centroids = [(0.09375, 0.2), (1.0, 0.0), (0.46875, 1.0), (0.0,
0.7),(0.9375, 0.5)]
    Step number 1: point_groups = [((0.09375, 0.2), 0), ((0.53125, 0.04),
0),((0.875, 0.1), 1), ((1.0, 0.0), 1), ((0.25, 0.65), 3), ((0.15625,
0.48),3), ((0.46875, 1.0), 2), ((0.375, 0.75), 2), ((0.0, 0.7), 3),
((0.625,0.3), 4), ((0.9375, 0.5), 4)]
    centroids = [(0.3125, 0.12000000000000001), (0.9375, 0.05),
(0.421875,0.875), (0.13541666666666666, 0.61), (0.78125, 0.4)]
```

输出结果如图 5-6 所示。

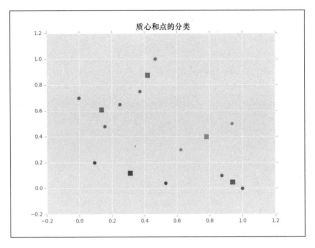

图 5-6

现在红色簇只包含 Peter 和一个没有房产的人。这种聚类表明，Peter

更可能是一个非房产所有者。但是，根据之前的聚类，Peter 更可能是房主。因此，不太清楚 Peter 是否拥有房产。在对这个问题做出明确的分类之前，应该收集更多的数据以完善分析结果。

从上面的分析中可以注意到，不同数量的聚类可能导致不同的分类结果，因为单个聚类中成员的性质可能会发生变化。在收集更多的数据后，应该使用交叉验证来确定聚类的数量，以此实现最高精度的数据分类。

5.5　小结

数据的聚类是非常高效的。通过把特征值归类到它所在的簇的代表类别中，聚类法可以更快速地实现对新特征值的分类。通过采用交叉验证的方法，我们可以选择确保最准确分类结果的聚类数量。

聚类通过相似性来整理数据。簇越多，簇内特征值之间的相似度越大，但簇内的特征值数量越少。

k-means 聚类算法是一种试图以簇内特征值相互距离最小化的方式来对特征值进行分类的聚类算法。为此，该算法计算每个簇的质心，并且特征值属于其最邻近的质心所在的簇。当簇或簇的质心不再改变时，该算法结束聚类的计算。

5.6　习题

1. 计算以下簇的质心。

（a）2, 3, 4

（b）100, 400, 1000

（c）(10,20), (40, 60), (0, 40)

（d）(200, 40km), (300, 60km), (500, 100km), (250, 200km)

（e）(1,2,4), (0,0,3), (10,20,5), (4,8,2), (5,0,1)

2. 应用 k-means 聚类算法将以下数据集分别聚类为 2、3、4 个簇。

（a）0, 2, 5, 4, 8, 10, 12, 11

（b）(2,2), (2,5), (10,4), (3,5), (7,3), (5,9), (2,8), (4,10), (7,4), (4,4), (5,8), (9,3)

3.（夫妻和他们孩子的数量），数据如表 5-5 所示，表包含夫妻的年龄和他们孩子的数量。

表 5-5

夫妻编号	妻子年龄（岁）	丈夫年龄（岁）	孩子数量
1	48	49	5
2	40	43	2
3	24	28	1
4	49	42	3
5	32	34	0
6	24	27	0
7	29	32	2
8	35	35	2
9	33	36	1
10	42	47	3
11	22	27	2
12	41	45	4
13	39	43	4
14	36	38	2
15	30	32	1
16	36	38	0
17	36	39	3
18	37	38	?

预测一下当丈夫的年龄是 37 岁，妻子的年龄是 38 岁时，这对夫妻有多少个孩子？

[分析]

1.（a）(1/3)×(2+3+4)=3

（b）(1/3)×(100+400+1000)=500

（c）((10+40+0)/3,(20+60+40)/3)=(50/3, 120/3)=(50/3, 40)

（d）((200+300+500+250)/4,(40km+60km+100km+200km)/4)=

　　(1250/4,400km/4)=(312.5,100km)

（e）((1+0+10+4+5)/5,(2+0+20+8+0)/5,(4+3+5+2+1)/5)=(4,6,3)

2.（a）添加第二坐标，并将所有特征值的第二坐标设置为0。这样，
特征值之间的距离不会改变，并且可以使用本章前面已实现的聚类算法。

[输入]

```
# source_code/5/problem5_2.csv
0,0
2,0
5,0
4,0
8,0
10,0
12,0
11,0
```

[2个簇的输出]

```
$ python k-means_clustering.py problem5_2.csv 2 last
The total number of steps: 2
The history of the algorithm:
Step number 0: point_groups = [((0.0, 0.0), 0), ((2.0, 0.0),
0), ((5.0, 0.0), 0), ((4.0, 0.0), 0), ((8.0, 0.0), 1), ((10.0,0.0),
1), ((12.0, 0.0), 1), ((11.0, 0.0), 1)]
centroids = [(0.0, 0.0), (12.0, 0.0)]
Step number 1: point_groups = [((0.0, 0.0), 0), ((2.0, 0.0),
0), ((5.0, 0.0), 0), ((4.0, 0.0), 0), ((8.0, 0.0), 1), ((10.0,0.0),
1), ((12.0, 0.0), 1), ((11.0, 0.0), 1)]
centroids = [(2.75, 0.0), (10.25, 0.0)]
```

[3个簇的输出]

```
$ python k-means_clustering.py problem5_2.csv 3 last
The total number of steps: 2
The history of the algorithm:
Step number 0: point_groups = [((0.0, 0.0), 0), ((2.0, 0.0),
0), ((5.0, 0.0), 2), ((4.0, 0.0), 2), ((8.0, 0.0), 2), ((10.0,0.0),
1), ((12.0, 0.0), 1), ((11.0, 0.0), 1)]
```

```
centroids = [(0.0, 0.0), (12.0, 0.0), (5.0, 0.0)]
Step number 1: point_groups = [((0.0, 0.0), 0), ((2.0, 0.0),
0), ((5.0, 0.0), 2), ((4.0, 0.0), 2), ((8.0, 0.0), 2), ((10.0,0.0),
1), ((12.0, 0.0), 1), ((11.0, 0.0), 1)]
centroids = [(1.0, 0.0), (11.0, 0.0), (5.666666666666667, 0.0)]
```

[4个簇的输出]

$ python k-means_clustering.py problem5_2.csv 4 last
```
The total number of steps: 2
The history of the algorithm:
Step number 0: point_groups = [((0.0, 0.0), 0), ((2.0, 0.0),
0), ((5.0, 0.0), 2), ((4.0, 0.0), 2), ((8.0, 0.0), 3), ((10.0,0.0),
1), ((12.0, 0.0), 1), ((11.0, 0.0), 1)]
centroids = [(0.0, 0.0), (12.0, 0.0), (5.0, 0.0), (8.0, 0.0)]
Step number 1: point_groups = [((0.0, 0.0), 0), ((2.0, 0.0),
0), ((5.0, 0.0), 2), ((4.0, 0.0), 2), ((8.0, 0.0), 3), ((10.0,0.0),
1), ((12.0, 0.0), 1), ((11.0, 0.0), 1)]
centroids = [(1.0, 0.0), (11.0, 0.0), (4.5, 0.0), (8.0, 0.0)]
```

（b）再次使用已实现的算法。

[输入]

 # source_code/5/problem5_2b.csv
```
2,2
2,5
10,4
3,5
7,3
5,9
2,8
4,10
7,4
4,4
5,8
9,3
```

[2个簇的输出]

$ python k-means_clustering.py problem5_2b.csv 2 last
```
The total number of steps: 3
The history of the algorithm:
Step number 0: point_groups = [((2.0, 2.0), 0), ((2.0, 5.0),
0), ((10.0, 4.0), 1), ((3.0, 5.0), 0), ((7.0, 3.0), 1), ((5.0,9.0),
```

```
1), ((2.0, 8.0), 0), ((4.0, 10.0), 0), ((7.0, 4.0), 1),((4.0, 4.0), 0),
((5.0, 8.0), 1), ((9.0, 3.0), 1)]
    centroids = [(2.0, 2.0), (10.0, 4.0)]
    Step number 1: point_groups = [((2.0, 2.0), 0), ((2.0, 5.0),
    0), ((10.0, 4.0), 1), ((3.0, 5.0), 0), ((7.0, 3.0), 1), ((5.0,9.0),
0), ((2.0, 8.0), 0), ((4.0, 10.0), 0), ((7.0, 4.0), 1),((4.0, 4.0), 0),
((5.0, 8.0), 0), ((9.0, 3.0), 1)]
    centroids=[(2.8333333333333335,5.666666666666667),(7.166666666666667,
5.166666666666667)]
    Step number 2: point_groups = [((2.0, 2.0), 0), ((2.0, 5.0),0),
((10.0, 4.0), 1), ((3.0, 5.0), 0), ((7.0, 3.0), 1), ((5.0,9.0), 0),
((2.0, 8.0), 0), ((4.0, 10.0), 0), ((7.0, 4.0), 1),((4.0, 4.0), 0),
((5.0, 8.0), 0), ((9.0, 3.0), 1)]
    centroids = [(3.375, 6.375), (8.25, 3.5)]
```

[3个簇的输出]

```
$ python k-means_clustering.py problem5_2b.csv 3 last
The total number of steps: 2
The history of the algorithm:
Step number 0: point_groups = [((2.0, 2.0), 0), ((2.0, 5.0),
0), ((10.0, 4.0), 1), ((3.0, 5.0), 0), ((7.0, 3.0), 1), ((5.0,9.0),
2), ((2.0, 8.0), 2), ((4.0, 10.0), 2), ((7.0, 4.0), 1),((4.0, 4.0), 0),
((5.0, 8.0), 2), ((9.0, 3.0), 1)]
    centroids = [(2.0, 2.0), (10.0, 4.0), (4.0, 10.0)]
Step number 1: point_groups = [((2.0, 2.0), 0), ((2.0, 5.0),
0), ((10.0, 4.0), 1), ((3.0, 5.0), 0), ((7.0, 3.0), 1), ((5.0,9.0),
2), ((2.0, 8.0), 2), ((4.0, 10.0), 2), ((7.0, 4.0), 1),((4.0, 4.0), 0),
((5.0, 8.0), 2), ((9.0, 3.0), 1)]
    centroids = [(2.75, 4.0), (8.25, 3.5), (4.0, 8.75)]
```

[4个簇的输出]

```
$ python k-means_clustering.py problem5_2b.csv 4 last
The total number of steps: 2
The history of the algorithm:
Step number 0: point_groups = [((2.0, 2.0), 0), ((2.0, 5.0),
3), ((10.0, 4.0), 1), ((3.0, 5.0), 3), ((7.0, 3.0), 1), ((5.0,9.0),
2), ((2.0, 8.0), 2), ((4.0, 10.0), 2), ((7.0, 4.0), 1),((4.0, 4.0), 3),
((5.0, 8.0), 2), ((9.0, 3.0), 1)]
    centroids = [(2.0, 2.0), (10.0, 4.0), (4.0, 10.0), (3.0, 5.0)]
Step number 1: point_groups = [((2.0, 2.0), 0), ((2.0, 5.0),
```

```
3), ((10.0, 4.0), 1), ((3.0, 5.0), 3), ((7.0, 3.0), 1), ((5.0,9.0),
2), ((2.0, 8.0), 2), ((4.0, 10.0), 2), ((7.0, 4.0), 1),((4.0, 4.0), 3),
((5.0, 8.0), 2), ((9.0, 3.0), 1)]
    centroids = [(2.0, 2.0), (8.25, 3.5), (4.0, 8.75), (3.0,
4.666666666666667)]
```

3. 已知 17 对夫妇和他们拥有的孩子数，现在想知道第 18 对夫妇有几个孩子。我们将使用前 14 对夫妇作为训练数据，然后使用后 3 对夫妇进行交叉验证，以确定簇个数 k，最后用 k 预估第 18 对夫妇有多少个孩子。

聚类之后，默认某夫妇的孩子数等于其所属的簇中夫妇孩子数的平均值。通过交叉验证选择实际值与预测值之间差异最小化的簇个数。把簇中每对夫妇的子女差异数据的平方相加，并开方。这将最小化第 18 对夫妇子女预测数的方差。

现考虑聚类为 2、3、4 和 5 个簇。

[输入]

 # source_code/5/couples_children.csv

```
48,49
40,43
24,28
49,42
32,34
24,27
29,32
35,35
33,36
42,47
22,27
41,45
39,43
36,38
30,32
36,38
36,39
37,38
```

[2 个簇的输出]

簇的一对夫妻数据是这种形式的:(夫妻编号,(妻子年龄,丈夫年龄))。

```
Cluster 0: [(1, (48.0, 49.0)), (2, (40.0, 43.0)), (4, (49.0,
42.0)), (10, (42.0, 47.0)), (12, (41.0, 45.0)), (13, (39.0,
43.0)), (14, (36.0, 38.0)), (16, (36.0, 38.0)), (17, (36.0,
39.0)), (18, (37.0, 38.0))]
Cluster 1: [(3, (24.0, 28.0)), (5, (32.0, 34.0)), (6, (24.0,
27.0)), (7, (29.0, 32.0)), (8, (35.0, 35.0)), (9, (33.0,
36.0)), (11, (22.0, 27.0)), (15, (30.0, 32.0))]
```

现在想估计第 15 对夫妇 (30,32) 的孩子数量(妻子 30 岁,丈夫 32 岁),该数据位于簇 1。簇 1 中的数据为:(24.0, 28.0), (32.0, 34.0), (24.0, 27.0), (29.0, 32.0), (35.0, 35.0),(33.0, 36.0), (22.0, 27.0), (30.0, 32.0)。前 14 对夫妻拥有孩子的平均数为 8/7≈1.14。这是根据前 14 对夫妻的数据估算出的第 15 对夫妻的孩子数量。

第 16 对夫妇的孩子数预估为 23/7≈3.29,第 17 对夫妇的孩子数预估为 23/7≈3.29,那么 16、17 对夫妇属于同一簇。现计算预测值(如 est15,代表第 15 对夫妇的预测值)与实际值(如 act15,代表第 15 对夫妇的实际值)的误差 E2(簇 2):

E2 = sqrt[sqr(est15 - act15) + sqr(est16 - act16) + sqr(est17 - act17)]
= sqrt[sqr(8/7 - 1) + sqr(23/7 - 0) + sqr(23/7 - 3)] ≈ 3.3

现在已经计算了误差 E2,我们将计算其他集群数量的估计值误差。我们将选择误差最小的聚类数来估计第 18 对夫妇的子女数。

[3 个簇的输出]

```
Cluster 0: [(1, (48.0, 49.0)), (2, (40.0, 43.0)), (4, (49.0, 42.0)), (10,
(42.0, 47.0)), (12, (41.0, 45.0)), (13, (39.0, 43.0))]
Cluster 1: [(3, (24.0, 28.0)), (6, (24.0, 27.0)), (7, (29.0, 32.0)), (11,
(22.0, 27.0)), (15, (30.0, 32.0))]
Cluster 2: [(5, (32.0, 34.0)), (8, (35.0, 35.0)), (9, (33.0, 36.0)), (14,
(36.0, 38.0)), (16, (36.0, 38.0)), (17, (36.0, 39.0)), (18, (37.0, 38.0))]
```

现在,第 15 对夫妻在簇 1 中,第 16 对夫妻在簇 2 中,第 17 对夫妻在簇 2 中。所以每对夫妇的孩子估计数为 5/4=1.25。

E3 的估计误差:

E3 = sqrt$[(1.25 - 1)^2 + (1.25 - 0)^2 + (1.25 - 3)^2] \approx 2.17$

[4 个簇的输出]

```
Cluster 0: [(1, (48.0, 49.0)), (4, (49.0, 42.0)), (10, (42.0, 47.0)), (12,
(41.0, 45.0))]
Cluster 1: [(3, (24.0, 28.0)), (6, (24.0, 27.0)), (11, (22.0, 27.0))]
Cluster 2: [(2, (40.0, 43.0)), (13, (39.0, 43.0)), (14, (36.0, 38.0)), (16,
(36.0, 38.0)), (17, (36.0, 39.0)), (18, (37.0, 38.0))]
Cluster 3: [(5, (32.0, 34.0)), (7, (29.0, 32.0)), (8, (35.0, 35.0)), (9,
(33.0, 36.0)), (15, (30.0, 32.0))]
```

第 15 对夫妇在簇 3 中,第 16 对夫妇在簇 2 中,第 17 对夫妇在簇 2 中。因此,第 15 对夫妇的孩子估计数是 5/4 = 1.25。 预计第 16 对和第 17 对夫妇的孩子数量是 8/3≈2.67 个孩子。

E4 的估算误差:

$$E4 - sqrt[(1.25 - 1)^2 + (8/3 - 0)^2 + (8/3 - 3)^2] \approx 2.70$$

[5 个簇的输出]

```
Cluster 0: [(1, (48.0, 49.0)), (4, (49.0, 42.0))]
Cluster 1: [(3, (24.0, 28.0)), (6, (24.0, 27.0)), (11, (22.0, 27.0))]
Cluster 2: [(8, (35.0, 35.0)), (9, (33.0, 36.0)), (14, (36.0, 38.0)),
(16,(36.0, 38.0)), (17, (36.0, 39.0)), (18, (37.0, 38.0))]
Cluster 3: [(5, (32.0, 34.0)), (7, (29.0, 32.0)), (15, (30.0, 32.0))]
Cluster 4: [(2, (40.0, 43.0)), (10, (42.0, 47.0)), (12, (41.0, 45.0)),
(13,(39.0, 43.0))]
```

第 15 对夫妇在簇 3 中,第 16 对夫妇在簇 2 中,第 17 对夫妇在簇 2 中。因此,第 15 对夫妇的孩子估计数量是 1。第 16 和第 17 对夫妇的孩子估计数量是 5/3≈1.67。

E5 的估算误差:

$$E5 = sqrt[(1-1)^2 + (5/3-0)^2 + (5/3-3)^2] \approx 2.13$$

接下来使用交叉验证来确定结果。

我们使用 14 对夫妇作为用于估算的数据和其他 3 对夫妇进行交叉验证,以找到在值 2、3、4、5 中 k 值的最佳参数。如表 5-6 所示,我们可能尝试聚类成更多的簇,但是由于我们的数据相对较少,所以最多应该聚类到 5 个簇中。让我们总结估算误差。

表 5-6

簇数量	误差率
2	3.3
3	2.17
4	2.7
5	2.13

聚类为 3 个簇和 5 个簇时误差率是最小的。聚类为 4 个簇时误差率上升，然后在聚类为 5 个簇时再下降，这表明我们可能没有足够的数据来做出一个好的估算。我们很自然地期望 k 值大于 2 时误差不存在局部极大值。此外，聚类为 3 个簇和 5 个簇的误差之间的差异非常小，聚类为 5 个簇的簇的数量小于 3 个簇的簇的数量。因此，我们选择了聚类为 3 个簇来估计第 18 对夫妇的孩子数量。

当聚类成 3 个簇时，第 18 对夫妇在簇 2 中。因此，第 18 对夫妻的孩子估计数是 1.25。

第6章
回归分析

回归分析是预测因变量之间关系的一个过程。例如，如果变量 y 线性地依赖于变量 x，则回归分析试图预测变量 y 和 x 之间的线性关系等式 $y = ax + b$ 中的常数 a 和 b。

本章将介绍以下内容：

- 在华氏和摄氏温度转换的例子中，通过一个完整的数据集来展示线性回归的基本原理与核心思想；
- 基于实际完整的数据，使用统计软件 R 来实现线性回归分析法的一些应用，包括华氏和摄氏温度转换、根据身高预测体重、根据距离预测飞行时长的例子；
- 梯度下降算法，用以找到最佳匹配的回归模型（使用最小均方算法），在 6.3 节还讲述了如何使用 Python 实现该算法；
- 在弹道飞行分析实例以及问题 4 的细菌数量预测实例中，讲述了如何使用 R 构建非线性回归模型。

6.1 华氏温度和摄氏温度的转换——基于完整数据的线性回归

在这个例子中，华氏温度和摄氏温度是线性相关的。在给定的华氏温度和摄氏温度对照表中，可以预估从华氏度数转换为摄氏度数的公式常量，反之亦然，如表 6-1 所示。

接下来从基本原则进行分析。

期望推导出从 F（华氏度数）到 C（摄氏度数）的如下转换公式：

$$C = a*F + b$$

这里，a 和 b 是待计算的常量。函数 $C = a*F + b$ 的图像是一条直线，而两点决定唯一的直线，因此，实际只需要表中的两个点：（$F1$, $C1$）和（$F2$, $C2$）。由此可以得到如下公式：

$$C1 = a*F1 + b \quad C2 = a*F2 + b$$

现在，$C2-C1=(a*F2+b)-(a*F1+b)=a*(F2-F1)$。因此可以得到：

$$a=(C2-C1)/(F2-F1)$$
$$b=C1-a*F1=C1-[(C2-C1)/(F2-F1)]$$

接下来，把表单的前两组数据 $(F1,C1)=(5,-15)$ 和 $(F2,C2)=(14, -10)$ 代入公式中，得到了下面的结果：

$$a=(-10-(-15))/(14-5)=5/9$$
$$b=-15-(5/9)×5=-160/9$$

因此，可以得出由华氏度数计算摄氏度数的公式：

$$C=(5/9)*F-160/9≈0.555\ 6*F-17.777\ 8$$

表 6-1

°F	℃
5	−15
14	−10
23	−5
32	0
41	5
50	10

用表 6-2 中的数据进行验证。

可以看出，这个公式完全匹配输入数据。这里用到的数据是完整的。在后面的例子中，会出现计算得到的公式不能很好地匹配数据的情况，这时的目标则是获得数据匹配最佳的公式，使得预测结果和实际数据之间的差异最小。

表 6-2

°F	℃	(5/9)*F−160/9
5	−15	−15
14	−10	−10
23	−5	−5
32	0	0
41	5	5
50	10	10

[R 分析]

使用统计分析软件 R 计算摄氏度数和华氏度数之间的线性依赖关系。

R 程序库含有计算变量间线性关系的函数 lm。它的使用规则是：lm*(y ~ x, data = dataset_for_x_y)*，这里 *y* 依赖于 *x*。温度数据帧应该包含具有 *x* 值和 *y* 值的向量。

[输入]

```
# source_code/6/frahrenheit_celsius.r
temperatures = data.frame(
fahrenheit = c(5,14,23,32,41,50),celsius = c(-15,-10,-5,0,5,10)
)
model = lm(celsius ~ fahrenheit, data = temperatures)
print(model)
```

[输出]

```
$ Rscript fahrenheit_celsius.r
Call:
lm(formula = celsius ~ fahrenheit, data = temperatures)
Coefficients: (Intercept)    fahrenheit
                  -17.7778       0.5556
```

由此可以得到 C（摄氏度数）和 F（华氏度数）的如下近似线性的依赖关系：

$$C=fahrenheit*F+Intercept=0.555\ 6*F-17.777\ 8$$

注意，这个等式和之前的计算结果一致。

[可视化]

把通过华氏温度预测摄氏温度的线性模型用一条直线展示出来。它表示当且仅当 F（华氏度数）转换为 C（摄氏度数）时，点 (F, C) 才在绿色直线上，反之亦然，如图 6-1 所示。

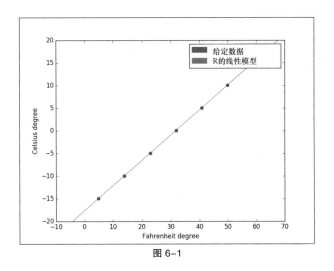

图 6-1

6.2 根据身高预测体重——基于实际数据的线性回归

这里运用线性回归方法，根据表 6-3 所示的男性身体数据表单，用男性的身高预测他的体重。

表 6-3

身高（cm）	体重（kg）
180	75
174	71
184	83
168	63
178	70
172	?

接下来将要估测一名身高为 172cm 的男性的体重。

[R分析]

在之前的华氏温度和摄氏温度转换例子中，数据和线性模型完全匹配，因此我们可以通过一个简单的数学分析（基础方程求解）来得到转换公式。大部分真实世界的数据其实并不能完全匹配模型。在这类分析中，最好的方法是找到一个能以最小的差异匹配给定数据的模型。我们使用 R 软件找到这种线性模型。

[输入]

把上面表单里的数据输入到向量中，尝试匹配线性模型。

```
# source_code/6/weight_prediction.r
men = data.frame(
        height = c(180,174,184,168,178), weight = c(75,71,83,63,70)
)
model = lm(weight ~ height, data = men)
print(model)
```

[输出]

```
$ Rscript weight_prediction.r
Call:
lm(formula = weight ~ height, data = men)
Coefficients:  (Intercept)       height
                  -127.688         1.132
```

从而，表示体重和身高的线性关系的公式是：体重 =1.132× 身高 -127.688。所以预测身高为 172cm 的男性体重是 1.132×172-127.688=67.016 kg。

6.3 梯度下降算法及实现

为了更好地理解如何使用线性回归基本原则预测一个值，我们将学习并使用 Python 实现梯度下降算法。

6.3.1 梯度下降算法

梯度下降算法是一种迭代算法，通过更新模型中的变量以使数据的误差最小。一般地说，它可以查找函数的一个最小值。

在一个线性公式中用身高描述体重：

$$weight(height, p)=p_1*height+p_0$$

使用 n 个数据样本（$height_i$，$weight_i$）来估计参数 $p = (p_0, p_T)$，以最小化以下均方误差：

$$E(p) = \frac{1}{2}\sum_{i=1}^{n}[weight(height_i, p) - weight_i]^2$$

梯度下降算法通过在（$\partial/\partial p_j$）E（p）的方向上更新参数 p_i 来实现，具体如下：

$$p_j = p_j - learning\_rate * \left(\frac{\partial}{\partial p_j} \text{E}(p) \right)$$

这里，*learning_rate* 决定了 E（*p*）收敛到最小的速度。假定 *learning_rate* 足够小，参数 *p* 的更新将导致 E（*p*）收敛到某个值。在 Python 程序中，将 *learning_rate* 设为 0.000001。然而，这个更新规则的缺点是 E（*p*）的最小值可能只是一个局部最小值。

为了以编程方式更新参数 *p*，需要展开 E（*p*）上的偏导数。因此，以如下方式更新参数 *p*：

$$p_0 := p_0 + lerning\_rate * \sum_{i=1}^{n} [weight_i - weight(height_i, p)]$$

$$p_1 := p_1 + lerning\_rate * \sum_{i=1}^{n} [(weight_i - weight(height_i, p)) * height_i]$$

不断更新参数 *p*，直到它只有很小的变化，即 p_0 和 p_1 的变化小于常数 acceptable_error。一旦参数 *p* 稳定下来，就可以用它来根据高度预测重量了。

[实现]

```python
# source_code/6/regression.py
# 学习基础线性模型的线性回归程序
import math
import sys
sys.path.append('../common')
import common # noqa

# 通过更新参数来计算梯度
def linear_gradient(data, old_parameter):
    gradient = [0.0, 0.0]
    for (x, y) in data:
        term = float(y) - old_parameter[0] - old_parameter[1] * float(x)
        gradient[0] += term
        gradient[1] += term * float(x)
    return gradient

# 这个函数将应用梯度下降算法来学习线性模型
def learn_linear_parameter(data, learning_rate,
                           acceptable_error, LIMIT):
    parameter = [1.0, 1.0]
    old_parameter = [1.0, 1.0]
```

```
    for i in range(0, LIMIT):
        gradient = linear_gradient(data, old_parameter)
        # 根据最小均方法则更新参数
        parameter[0] = old_parameter[0] + learning_rate * gradient[0]
        parameter[1] = old_parameter[1] + learning_rate * gradient[1]
        # 计算两个参数之间的误差，并与允许误差值进行比较，以此判断该计
        # 算是否足够精确
        if abs(parameter[0] - old_parameter[0]) <= acceptable_error
        and abs(parameter[1] - old_parameter[1]) <= acceptable_error:
            return parameter
        old_parameter[0] = parameter[0]
        old_parameter[1] = parameter[1]
return parameter

# 根据预测的线性模型计算y坐标
def predict_unknown(data, linear_parameter):
    for (x, y) in data:
        print(x, linear_parameter[0] + linear_parameter[1] * float(x))

# 程序开始
csv_file_name = sys.argv[1]
# 批处理式学习算法中的最大迭代次数
LIMIT = 100
# 根据给定问题选取适当的参数
learning_rate = 0.0000001
acceptable_error = 0.001

(heading, complete_data, incomplete_data,
 enquired_column) = common.csv_file_to_ordered_data(csv_file_name)
linear_parameter = learn_linear_parameter(
    complete_data, learning_rate, acceptable_error, LIMIT)
print("Linear model:\n(p0,p1)=" + str(linear_parameter) + "\n")
print("Unknowns based on the linear model:")
predict_unknown(incomplete_data, linear_parameter)
```

[输入]

我们将使用根据高度预测体重示例表中的数据，并将其保存在 CSV 文件中作为输入。

```
# source_code/6/height_weight.csv
height,weight
180,75
174,71
184,83
168,63
178,70
```

```
172,?
```

[输出]

```
$ python regression.py height_weight.csv
Linear model:
(p0,p1)=[0.9966468959362077, 0.4096393414704317]

Unknowns based on the linear model:
('172', 71.45461362885045)
```

线性模型的输出意味着可以用高度来描述体重，如下所示：

weight = 0.409 639 341 470 431 7 * *height* + 0.996 646 895 936 207 7

因此，预测身高为 172cm 的男子体重为 0.409 639 341 470 431 7×172 + 0.996 646 895 936 207 7 = 71.454 613 628 850 45 ≈ 71.455kg。

请注意，这个 71.455kg 的预测与 67.016kg 的预测略有不同。这可能是因为，Python 算法找到的只是预测中的一个局部最小值，也可能因为 R 使用了一种不同的算法或者是算法实现的方式不同。

6.3.2 可视化——R和梯度下降算法实现模型的比较

以身高体重预测法为例，可视化 R 的线性预测模型和 Python 实现的梯度下降算法线性预测模型如图 6-2 所示。

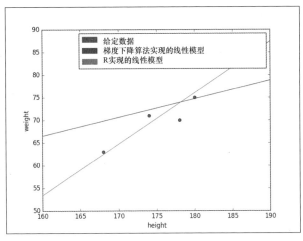

图 6-2

6.4 根据距离预测飞行时长

已知航班表的出发地、目的地和航班时间，如表 6-4 所示，预测从斯洛伐克的布拉迪斯拉发（Bratislava）到荷兰的阿姆斯特丹（Amsterdam）的航班的飞行时长。

表 6-4

出发地	目的地	距离（km）	飞行时长	飞行时长（h）
London	Amsterdam	365	1h 10m	1.167
London	Budapest	1462	2h 20m	2.333
London	Bratislava	1285	2h 15m	2.250
Bratislava	Paris	1096	2h 5m	2.083
Bratislava	Berlin	517	1h 15m	2.250
Vienna	Dublin	1686	2h 50m	2.833
Vienna	Amsterdam	932	1h 55m	1.917
Amsterdam	Budapest	1160	2h 10m	2.167
Bratislava	Amsterdam	978	?	?

[分析]

飞行时长包括两个时间：一是起飞时间和着陆时间；二是飞机在空中以一定速度移动的时间。第一个时间是常数。第二个时间线性依赖于飞机的速度，假设飞机的速度在所有航班上都是相似的。此时，飞行时长可以用飞行距离线性表示。

R分析

[输入]

```
source_code/6/flight_time.r
flights = data.frame(
    distance = c(365,1462,1285,1096,517,1686,932,1160),
    time = c(1.167,2.333,2.250,2.083,2.250,2.833,1.917,2.167)
)
model = lm(time ~ distance, data = flights) print(model)
```

[输出]

```
$ Rscript flight_time.r
Call:
lm(formula = time ~ distance, data = flights)
Coefficients:  (Intercept)         distance
                 1.2335890        0.0008387
```

根据线性回归，平均起飞时间和着陆时间约为 1.233 589 0h。其次，飞机飞行 1km 需要 0.000 838 7h。换句话说，飞机的速度是每小时 1192km。事实上，和表中某些班机类似的短途飞行的飞机的普遍飞行速度大约是每小时 850km。因此预测结果仍有改进的余地（参见练习 6.3）。

于是，可以推导出如下公式：

flight_time=0.000 838 7**distance*+1.233 589 0

根据这一公式，飞机从布拉迪斯拉发到阿姆斯特丹，飞行距离为 978km，预测飞行时长大约 0.000 838 7×978+1.233 589 0 = 2.053 837 6h，约 2 小时 3 分钟，比维也纳到阿姆斯特丹要长一点（1 小时 55 分钟），比从布达佩斯到阿姆斯特丹（2 小时 10 分）要短一些。

6.5 弹道飞行分析——非线性模型

一艘星际飞船着陆在一个大气压可以忽略不计的星球上，并以相同的角度发射携带有探测机器人的 3 枚炮弹，但初始速度不同。机器人落地后，测量飞行距离，数据记录如表 6-5 所示。

表 6-5

速度（m/s）	距离（m）
400	38 098
600	85 692
800	152 220
?	300 000

载有第 4 个机器人的炮弹应该以多快的速度射出，才能着陆在距离飞船 300km 的地方？

[分析]

这个问题需要了解炮弹的轨迹。由于探索的星球上的大气很弱，所以轨迹几乎等于没有空气阻力的弹道曲线。从地面上的一个点发射的物体所经过的距离 d 近似为（忽略行星表面的弯曲）以下等式：

$$d = v^2 * \sin(2 * \tau) / g$$

其中 v 是物体的初始速度，τ 是炮弹被发射时的角度，g 是行星对物体施加的重力。请注意，角度 τ 和重力 g 不会改变。因此定义一个常量 $c = \sin(2 * \tau) / g$。那么，用速度描述探测星球表面的运动距离的等式如下：

$$d = v^2 * c$$

虽然 d 和 v 不是线性关系，但 d 和 v 的平方是线性关系。因此仍然可以应用线性回归来确定 d 和 v 之间的关系。

R分析

[输入]

source_code/6/speed_distance.r

```
trajectories = data.frame(
    squared_speed = c(160000,360000,640000),
    distance = c(38098, 85692, 152220)
)
model = lm(squared_speed ~ distance, data = trajectories)
print(model)
```

[输出]

$ Rscript speed_distance.r

```
Call:
lm(formula = squared_speed ~ distance, data = trajectories)
Coefficients:
(Intercept)      distance
  -317.708         4.206
```

因此，速度平方与距离之间的关系可用回归分析预测为：

$$v^2 = 4.206 * d - 317.708$$

截距项的出现可能是由于测量误差或等式中出现了其他力。因为它相对较小，所以对最后的速度的预测应该较为合理。在等式中代入距离 300km，得到：

$$v^2 = 4.206 \times 300\,000 - 317.708 = 1\,261\,482.292$$
$$v = 1123.157$$

因此，炮弹到达距离起点 300km 的地方，需要以 1123.157m/s 左右的速度射击。

6.6　小结

变量之间可以以一种函数的方式相互依赖。例如，变量 y 依赖于 x，表示为 $y = f(x)$。函数 $f(x)$ 具有常量参数。例如，如果 y 线性依赖于 x，则 $f(x) = a * x + b$，其中 a 和 b 是函数 $f(x)$ 中的常量参数。回归分析试图使预测的 $f(x)$ 尽可能接近 y，从而以这种方式预测常量参数。预测结果可以通过数据样本 x 的函数 $f(x)$ 和 y 之间的均方误差来衡量。

梯度下降方法通过在最陡下降的方向上更新常量参数（即误差的偏导数）来最小化该误差，确保参数以最快的方式收敛到误差最小的值。

统计软件 R 支持用函数 lm 进行线性回归预测。

6.7　习题

1. 云存储成本预测。我们的软件应用程序每月产生数据，并将这些数据与前几个月的数据一起存储在云存储中。我们为云存储提供了以下账单，并且想要预测使用此云存储第一年的运行成本，如表 6-6 所示。

表 6-6

使用云存储月份	月账单（欧元）
1	120.0
2	131.2
3	142.1
4	152.9
5	164.3
1～12	?

2. 华氏度数和摄氏度数转换。前面的例子中设计了一个将华氏度数转化为摄氏度数的公式。设计一个将摄氏度数转换成华氏度数的公式。

3. 用距离预测飞行时间。你认为线性回归模型生成的预测速度 1192km/h 不同于实际速度约 850km/h 的原因是什么？能否给出一种更好的基于飞行距离和飞行时间的预测模型？

4. 细菌种群预测。在实验室中观察一株大肠杆菌，其种群大小通过间隔 5 分钟的测量数据来预测，如表 6-7 所示。

假设细菌会以同样的速度继续增长，预计在 11:00 观察到的细菌数量是多少？

表 6-7

时间	种群大小（百万）
10:00	47.5
10:05	56.5
10:10	67.2
10:15	79.9
11:00	？

[分析]

1. 每个月，我们都必须支付所有存储在云存储中的数据的开销，以及当月添加到云存储中的新数据的开销。现使用线性回归来预测一个月的成本，然后计算前 12 个月的总和来计算全年的成本。

[输入]

source_code/6/cloud_storage.r
```
bills = data.frame(
    month = c(1,2,3,4,5),
    bill = c(120.0,131.2,142.1,152.9,164.3)
)
model = lm(bill ~ month, data = bills) print(model)
```

[输出]

$ Rscript cloud_storage.r
```
Call:
lm(formula = bill ~ month, data = bills)
Coefficients: (Intercept)          month
```

109.01 11.03

这意味着，基本成本是 *base_cost* = 109.01 欧元，然后每个月添加的数据的额外成本是 *month_data* = 11.03 欧元。所以计算第 *n* 个月花费的公式如下：

$$bill\_amount = month\_data*month\_number+base\_cost$$
$$=11.03*month\_number+109.01$$

注意，前 *n* 个数字的总和是（1/2）× *n* ×（*n* + 1）。因此，前 *n* 个月的成本如下：

$$total\_cost(n \ \ months)=base\_cost*n+month\_data*[(1/2)*n*(n+1)]$$
$$=n*[base\_cost+month\_data*(1/2)*(n+1)]$$
$$=n*[109.01+11.03*(1/2)*(n+1)]$$
$$=n*[114.565+5.515*n]$$

因此，全年的成本如下：

$$total\_cost(12 \ months)=12*[114.565+5.515*12]=2168.94$$

[可视化]

通过图 6-3，我们可以观察蓝线表示的线性模型。另一方面，直线上的点的总和本质上是二次的，由直线下的面积来表示。

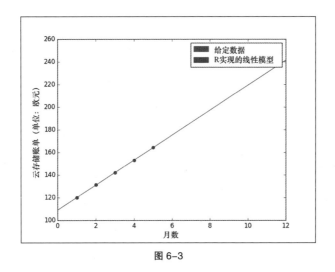

图 6-3

2. 有很多方法可以得到摄氏度数转换成华氏度数的公式。我们可以使用 R，并在最初的 R 文件中得到以下代码：

$$model = lm(celsius \sim fahrenheit, data = temperatures)$$

将其改为：

$$model = lm(fahrenheit \sim celsius, data = temperatures)$$

然后我们将获得所需的反向模型（与示例中的模型相反）：

```
Call:
lm(formula = fahrenheit ~ celsius, data = temperatures)
Coefficients:
(Intercept)        celsius
      32.0            1.8
```

所以华氏度数可以用摄氏度数表示为：$F = 1.8 * C + 32$。

可以通过变换公式来获得这个公式：

$$C = (5/9)*F - 160/9$$
$$160/9 + C = (5/9)*F$$
$$160 + 9*C = 5*F \quad F = 1.8*C + 32$$

3. 预测的速度非常快，是因为即使是短途航班也要花费相当长的时间。例如，从伦敦到阿姆斯特丹，两个城市之间的距离只有 365km，飞行大约需要 1.167h。但是，另一方面，如果距离只变化一点点，那么飞行时间也只会变化一点点。这导致我们预测的初始起飞降落时间差非常大。结果是，因为只剩余了很短的时间用以飞行一定的距离，所以速度必须非常快。

考虑长途航班，它们的初始起飞降落时间与飞行时长的比率较小，那么预测的飞行速度将比较准确。

4. 以 5 分钟为时间间隔得到的细菌数量为：47.5、56.5、67.2 和 79.9（单位为百万）。这些数字之间的差是：9、10.7 和 12.7。序列一直在增加，所以我们查看一下相邻两项的比率，看看序列是如何增长的。 56.5 / 47.5 = 1.189 47，67.2 / 56.5 = 1.189 38 和 79.9 / 67.2 = 1.188 99。连续项的比率接近，所以我们有理由相信，增长的细菌数量可以使用指数分布来建模预测：

$$n = 47.7 * b^m$$

其中 n 是以百万为单位的细菌数量，b 是常数（基数）。数字 m 是指数，表示从第一次测量的时间 10:00 开始的分钟数。47.7 是第一次测量的细菌数，以百万为单位。

使用序列项之间的比率预测常数 b。我们知道 b^5 大概是（56.5 / 47.5 + 67.2 / 56.5 + 79.9 / 67.2）/3=1.189 28。那么常数 b 约为 $1.189\,28^{1/5}$ = 1.035 28。因此，细菌的数量是：

$$n = 47.7 * 1.03528^{m}$$

在 11:00，即 10:00 过了 60 分钟，预测的细菌数量是：

$$47.7 \times 1.03528^{60} = 381.9$$

第 7 章
时间序列分析

时间序列分析是对时间相关数据的分析。给定一段时间内的数据，我们的目的是预测在另一段时期内的数据，通常是预测未来的某时期。例如，时间序列分析被用于预测金融市场、地震和天气。本章主要关注的是预测某些量的数值，例如 2030 年的人口数量。

基于时间预测的要素如下。

- 数据的趋势：随着时间的流逝，变量是会上升还是下降呢？例如，人口增长还是收缩？
- 季节性：数据如何根据时间依赖于某些常规事件？例如，餐厅在周五的销售量是否比周二的更大？

时间序列分析的这两个要素提供了一个强大的方法来进行时间相关的预测。在本章中，您将学习以下内容：

- 如何使用回归来分析数据趋势，例如商业利润；
- 在电子商店的销售案例中，如何观察和分析呈季节性变动的数据的循环模式；
- 以电子商店的销售为例，将趋势分析和季节性分析结合起来预测相关数据；
- 使用R构建商业利润和电子商店销售案例的时间依赖模型。

7.1 商业利润——趋势分析

已知前几年的利润，现在要预测一家企业在 2018 年所获利润，数据如表 7-1 所示。

表 7-1

年	利润（美元）
2011	40k
2012	43k
2013	45k
2014	50k
2015	54k
2016	57k
2017	59k
2018	?

[分析]

在这个例子中，利润在持续增加，我们可以把利润表示为依赖于以年计数的时间变量的增长函数。后面几年的利润差值是：3k、2k、5k、4k、3k 和 2k 美元。这些差值似乎没有受到时间的影响，它们之间的变化相对较小。因此，可以尝试通过线性回归来预测未来几年的利润。在线性方程中用年数 y （year）来表示利润 p （profit），该等式可称为趋势线：

$$p = a * y + b$$

用线性回归来找到常数 a 和 b。

[输入]

在 R 语言脚本中，将上表中的数据存储为年和利润的向量形式。

```
# source_code/7/profit_year.r
business_profits = data.frame(
    year = c(2011,2012,2013,2014,2015,2016,2017),
    profit = c(40,43,45,50,54,57,59)
)
model = lm(profit ~ year, data = business_profits)
print(model)
```

[输出]

```
$ Rscript profit_year.r
Call:
```

```
lm(formula = profit ~ year, data = business_profits)
Coefficients:
(Intercept)        year
 -6711.571         3.357
```

可视化结果如图 7-1 所示。

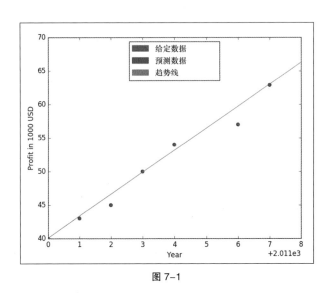

图 7-1

[结论]

因此，公司利润的趋势线方程为：

$$p = 3.357 * y - 6711.571$$

根据这个等式可以预测 2018 年的利润是：

$$p = 3.357 \times 2018 - 6711.571 = 62.855k \text{ 或 } 62855$$

这个例子很简单——只要在趋势线上使用线性回归就能做出预测。在下一个例子中您将看到同时受趋势和季节性影响的数据。

7.2 电子商店的销售额——季节性分析

已知一家小型电子商店从 2010 年至 2017 年的每月销售额数据，以千美元为单位，如表 7-2 所示。现想要预测 2018 年该商店每个月的销售额。

表 7-2

月 / 年	2010	2011	2012	2013	2014	2015	2016	2017	2018
1月	10.5	11.9	13.2	14.6	15.1	16.5	18.9	20	?
2月	11.9	12.6	14.4	15.4	17.4	17.9	19.5	20.8	?
3月	13.4	13.5	16.1	16.2	17.2	19.6	19.8	22.1	?
4月	12.7	13.6	14.9	17.8	17.8	20.2	19.7	20.9	?
5月	13.9	14.6	15.7	17.8	18.6	19.1	20.8	21.5	?
6月	14	14.4	15.3	16.1	18.9	19.7	21.1	22.1	?
7月	13.5	15.7	16.8	17.4	18.3	19.7	21	22.6	?
8月	14.5	14	15.7	17	17.9	20.5	21	22.7	?
9月	14.3	15.5	16.8	17.2	19.2	20.3	20.6	21.9	?
10月	14.9	15.8	16.3	17.9	18.8	20.3	21.4	22.9	?
11月	16.9	16.5	18.7	20.5	20.4	22.4	23.7	24	?
12月	17.4	20.1	19.7	22.5	23	23.8	24.6	26.6	?

[分析]

为了能够分析这些数据，我们首先用图像表示数据，以便可以观察到它们的模式并进行分析，如图 7-2 所示。

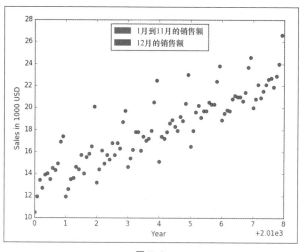

图 7-2

从图像和表格可知，销售额长期呈线性增长。这就是它的趋势。不过，12月份的销售额往往高于其他月份。因此，我们有理由相信，销售额也受到月份的影响。

如何预测未来几年的月销售额？首先确定数据确切的长期趋势。然后分析一年中每月销售额的变化。

7.2.1 使用R分析趋势

[输入]

年份列表包含了一年内的多个时间段，以 year+month/12 的十进制形式表示。销售列表中包含与年份列表对应时间段的销售额，以千美元为单位。现在使用线性回归来找出趋势线。从最初的图表中可知这一趋势本质上是线性的。

```
# source_code/6/sales_year.r
# 根据一年内的不同周期预测销售额
sales = data.frame(
    year=c(2010.000000,2010.083333,2010.166667,2010.250000,
            2010.333333,2010.416667,2010.500000,2010.583333,
            2010.666667,2010.750000,2010.833333,2010.916667,
            2011.000000,2011.083333,2011.166667,2011.250000,
            2011.333333,2011.416667,2011.500000,2011.583333,
            2011.666667,2011.750000,2011.833333,2011.916667,
            2012.000000,2012.083333,2012.166667,2012.250000,
            2012.333333,2012.416667,2012.500000,2012.583333,
            2012.666667,2012.750000,2012.833333,2012.916667,
            2013.000000,2013.083333,2013.166667,2013.250000,
            2013.333333,2013.416667,2013.500000,2013.583333,
            2013.666667,2013.750000,2013.833333,2013.916667,
            2014.000000,2014.083333,2014.166667,2014.250000,
            2014.333333,2014.416667,2014.500000,2014.583333,
            2014.666667,2014.750000,2014.833333,2014.916667,
            2015.000000,2015.083333,2015.166667,2015.250000,
            2015.333333,2015.416667,2015.500000,2015.583333,
            2015.666667,2015.750000,2015.833333,2015.916667,
            2016.000000,2016.083333,2016.166667,2016.250000,
            2016.333333,2016.416667,2016.500000,2016.583333,
            2016.666667,2016.750000,2016.833333,2016.916667,
```

```
            2017.000000,2017.083333,2017.166667,2017.250000,
            2017.333333,2017.416667,2017.500000,2017.583333,
            2017.666667,2017.750000,2017.833333,2017.916667),
    sale=c(10.500000,11.900000,13.400000,12.700000,13.900000,
            14.000000,13.500000,14.500000,14.300000,14.900000,
            16.900000,17.400000,11.900000,12.600000,13.500000,
            13.600000,14.600000,14.400000,15.700000,14.000000,
            15.500000,15.800000,16.500000,20.100000,13.200000,
            14.400000,16.100000,14.900000,15.700000,15.300000,
            16.800000,15.700000,16.800000,16.300000,18.700000,
            19.700000,14.600000,15.400000,16.200000,17.800000,
            17.800000,16.100000,17.400000,17.000000,17.200000,
            17.900000,20.500000,22.500000,15.100000,17.400000,
            17.200000,17.800000,18.600000,18.900000,18.300000,
            17.900000,19.200000,18.800000,20.400000,23.000000,
            16.500000,17.900000,19.600000,20.200000,19.100000,
            19.700000,19.700000,20.500000,20.300000,20.300000,
            22.400000,23.800000,18.900000,19.500000,19.800000,
            19.700000,20.800000,21.100000,21.000000,21.000000,
            20.600000,21.400000,23.700000,24.600000,20.000000,
            20.800000,22.100000,20.900000,21.500000,22.100000,
            22.600000,22.700000,21.900000,22.900000,24.000000,
            26.600000)
)
model = lm(sale ~ year,data = sales)
print(model)
```

[输出]

$ Rscript sales_year.r
```
Call:
lm(formula = sale ~ year, data = sales)
Coefficients:   (Intercept)       year
                 -2557.778      1.279
```

因此趋势线的方程为：

$$sales = 1.279 * year - 2557.778$$

[可视化]

现在在图中加入趋势线，如图 7-3 所示。

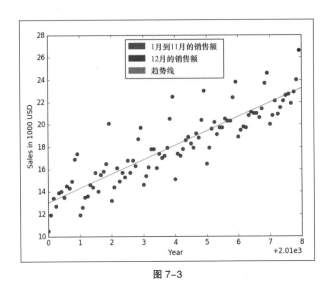

图 7-3

7.2.2　季节性分析

现在分析季节性变化——销售额如何随月份变化。根据观察可知，销售额往往在某几个月更高，而在其他几个月更低。我们可以计算线性趋势与实际销售额之间的差值。根据从这些差值中观察到的模式来建立一个季节性模型从而更准确地预测每个月的销售情况，如表 7-3 所示。

从表中我们无法观察到实际销售额和趋势线上销售额之差的任何明显的趋势。因此，这里只计算每个月的差值的算术平均值。

例如，注意到十二月份的销售额比趋势线上预测的销售额高出约 3551.58 美元。同样，一月份的销售额平均值比预测的趋势线低 2401 美元。

根据对各月销售额变化的观察，假定月份会对实际销售额产生影响，采用现在的预测规则：

$$sales = 1.279 * year - 2557.778$$

然后更新它，得到新的规则：

$$sales = 1.279 * year - 2557.778 + month\_difference$$

表 7-3

一月份销售额（千美元）									
年份（年）	2010	2011	2012	2013	2014	2015	2016	2017	平均
实际销售额（千美元）	10.5	11.9	13.2	14.6	15.1	16.5	18.9	20	
趋势线上的销售额（千美元）	13.012	14.291	15.57	16.849	18.128	19.407	20.686	21.965	
差值（千美元）	-2.512	-2.391	-2.37	-2.249	-3.028	-2.907	-1.786	-1.965	-2.401

二月份销售额（千美元）									
年份（年）	2010	2011	2012	2013	2014	2015	2016	2017	平均
实际销售额（千美元）	11.9	12.6	14.4	15.4	17.4	17.9	19.5	20.8	
趋势线上的销售额（千美元）	13.1185833333	14.3975833333	15.6765833333	16.9555833333	18.2345833333	19.5135833333	20.7925833333	22.0715833333	
差值（千美元）	-1.2185833333	-1.7975833333	-1.2765833333	-1.5555833333	-0.8345833333	-1.6135833333	-1.2925833333	-1.2715833333	-1.3575833333

三月份销售额（千美元）									
年份（年）	2010	2011	2012	2013	2014	2015	2016	2017	平均
实际销售额（千美元）	13.4	13.5	16.1	16.2	17.2	19.6	19.8	22.1	
趋势线上的销售额（千美元）	13.2251666667	14.5041666667	15.7831666667	17.0621666667	18.3411666667	19.6201666667	20.8991666667	22.1781666667	
差值（千美元）	0.1748333333	-1.0041666667	0.3168333333	-0.8621666667	-1.1411666667	-0.0201666667	-1.0991666667	-0.0781666667	-0.4641666667

四月份销售额（千美元）									
年份（年）	2010	2011	2012	2013	2014	2015	2016	2017	平均
实际销售额（千美元）	12.7	13.6	14.9	17.8	17.8	20.2	19.7	20.9	
趋势线上的销售额（千美元）	13.33175	14.61075	15.88975	17.16875	18.44775	19.72675	21.00575	22.28475	
差值（千美元）	-0.63175	-1.01075	-0.98975	0.63125	-0.64775	0.47325	-1.30575	-1.38475	-0.60825

五月份销售额（千美元）									
年份（年）	2010	2011	2012	2013	2014	2015	2016	2017	平均
实际销售额（千美元）	13.9	14.6	15.7	17.8	18.6	19.1	20.8	21.5	
趋势线上的销售额（千美元）	13.4383333333	14.7173333333	15.9963333333	17.2753333333	18.5543333333	19.8333333333	21.1123333333	22.3913333333	
差值（千美元）	0.4616666667	-0.1173333333	-0.2963333333	0.5246666667	0.0456666667	-0.7333333333	-0.3123333333	-0.8913333333	-0.1648333333

六月份销售额（千美元）									
年份（年）	2010	2011	2012	2013	2014	2015	2016	2017	平均
实际销售额（千美元）	14	14.4	15.3	16.1	18.9	19.7	21.1	22.1	
趋势线上的销售额（千美元）	13.5449166667	14.8239166667	16.1029166667	17.3819166667	18.6609166667	19.9399166667	21.2189166667	22.4979166667	
差值（千美元）	0.4550833333	-0.4239166667	-0.8029166667	-1.2819166667	0.2390833333	-0.2399166667	-0.1189166667	-0.3979166667	-0.3214166667

七月份销售额（千美元）									
年份（年）	2010	2011	2012	2013	2014	2015	2016	2017	平均
实际销售额（千美元）	13.5	15.7	16.8	17.4	18.3	19.7	21	22.6	

趋势线上的销售额（千美元）	13.6515	14.9305	16.2095	17.4885	18.7675	20.0465	21.3255	22.6045	
差值（千美元）	-0.1515	0.7695	0.5905	-0.0885	-0.4675	-0.3465	-0.3255	-0.0045	-0.003
八月份销售额（千美元）									
年份（年）	2010	2011	2012	2013	2014	2015	2016	2017	平均
实际销售额（千美元）	14.5	14	15.7	17	17.9	20.5	21	22.7	
趋势线上的销售额（千美元）	13.7580833333	15.0370833333	16.3160833333	17.5950833333	18.8740833333	20.1530833333	21.4320833333	22.7110833333	
差值（千美元）	0.7419166667	-1.0370833333	-0.6160833333	-0.5950833333	-0.9740833333	0.3469166667	-0.4320833333	-0.0110833333	-0.3220833333
九月份销售额（千美元）									
年份（年）	2010	2011	2012	2013	2014	2015	2016	2017	平均
实际销售额（千美元）	14.3	15.5	16.8	17.2	19.2	20.3	20.6	21.9	
趋势线上的销售额（千美元）	13.8646666667	15.1436666667	16.4226666667	17.7016666667	18.9806666667	20.2596666667	21.5386666667	22.8176666667	
差值（千美元）	0.4353333333	0.3563333333	0.3773333333	-0.5016666667	0.2193333333	0.0403333333	-0.9386666667	-0.9176666667	-0.1161666667
十月份销售额（千美元）									
年份（年）	2010	2011	2012	2013	2014	2015	2016	2017	平均
实际销售额（千美元）	14.9	15.8	16.3	17.9	18.8	20.3	21.4	22.9	
趋势线上的销售额（千美元）	13.97125	15.25025	16.52925	17.80825	19.08725	20.36625	21.64525	22.92425	
差值（千美元）	0.92875	0.54975	-0.22925	0.09175	-0.28725	-0.06625	-0.24525	-0.02425	0.08975
十一月份销售额（千美元）									
年份（年）	2010	2011	2012	2013	2014	2015	2016	2017	平均
实际销售额（千美元）	16.9	16.5	18.7	20.5	20.4	22.4	23.7	24	
趋势线上的销售额（千美元）	14.0778333333	15.3568333333	16.6358333333	17.9148333333	19.1938333333	20.4728333333	21.7518333333	23.0308333333	
差值（千美元）	2.8221666667	1.1431666667	2.0641666667	2.5851666667	1.2061666667	1.9271666667	1.9481666667	0.9691666667	1.8331666667
十二月份销售额（千美元）									
年份（年）	2010	2011	2012	2013	2014	2015	2016	2017	平均
实际销售额（千美元）	17.4	20.1	19.7	22.5	23	23.8	24.6	26.6	
趋势线上的销售额（千美元）	14.1844166667	15.4634166667	16.7424166667	18.0214166667	19.3004166667	20.5794166667	21.8584166667	23.1374166667	
差值（千美元）	3.2155833333	4.6365833333	2.9575833333	4.4785833333	3.6995833333	3.2205833333	2.7415833333	3.4625833333	3.5515833333

在这里，*sales* 指的是在当前预测中所指定的月份和年份对应的销售金额数。而 *month_difference* 是给出的实际销售额数据和趋势线上销售额数据之间的平均差值。更具体地说，可得到以下 12 个等式和对 2018 年以千美元计的销售额预测：

$$sales\_january = 1.279×(year+0/12) - 2557.778 - 2.401$$
$$= 1.279×(2018 + 0/12) - 2557.778 - 2.401 = 20.843$$

$$sales\_february = 1.279×(year+1/12) - 2557.778 - 1.358$$
$$= 1.279×(2018+1/12) - 2557.778 - 1.358 = 21.993$$

$$sales\_march = 1.279×(year+2/12) - 2557.778 - 0.464$$
$$= 1.279×(2018+2/12) - 2557.778 - 0.464 = 22.993$$

$$sales\_april = 1.279×(year+3/12) - 2557.778 - 0.608$$
$$= 1.279×(2018+3/12) - 2557.778 - 0.608 = 22.956$$

$$sales\_may = 1.279×(year+4/12) - 2557.778 - 0.165$$
$$= 1.279×(2018+4/12) - 2557.778 - 0.165 = 23.505$$

$$sales\_june = 1.279×(year+5/12) - 2557.778 - 0.321$$
$$= 1.279×(2018+5/12) - 2557.778 - 0.321 = 23.456$$

$$sales\_july = 1.279×(year+6/12) - 2557.778 - 0.003$$
$$= 1.279×(2018+6/12) - 2557.778 - 0.003 = 23.881$$

$$sales\_august = 1.279×(year+7/12) - 2557.778 - 0.322$$
$$= 1.279×(2018+7/12) - 2557.778 - 0.322 = 23.668$$

$$sales\_september = 1.279×(year+8/12) - 2557.778 - 0.116$$
$$= 1.279×(2018+8/12) - 2557.778 - 0.116 = 23.981$$

$$sales\_october = 1.279×(year+9/12) - 2557.778 + 0.090$$
$$= 1.279×(2018+9/12) - 2557.778 + 0.090 = 24.293$$

$$sales\_november = 1.279×(year+10/12) - 2557.778 + 1.833$$
$$= 1.279×(2018+10/12) - 2557.778 + 1.833 = 26.143$$

$$sales\_december = 1.279×(year+11/12) - 2557.778 + 3.552$$
$$= 1.279×(2018+11/12) - 2557.778 + 3.552 = 27.968$$

[结论]

因此，根据以上的季节性方程，可用 2018 年的销售额数据完成表 7-2。将预测数据可视化，结果如图 7-4 所示。

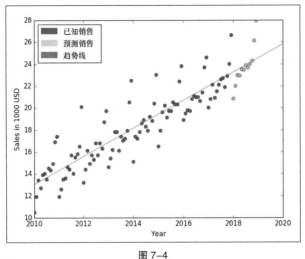

图 7-4

7.3 小结

时间序列分析是对时间相关数据的分析。这个分析中最重要的两个因素是趋势分析和季节性分析。

趋势分析可以用于确定数据的分布函数。根据数据依赖于时间的前提，分布函数可以使用回归来确定。许多现象具有一条线性趋势线，但同时也有现象可能不遵循线性模式。

季节性分析试图检测出反复出现的规律性模式，比如圣诞节前的销售量增加等。为了发现季节变动的模式，有必要把数据划分到不同的季节，用这种方法使一个模式在同一季节中再次出现。这个划分可以是将一年分为几个月，一周分为几天或者分为工作日和周末等。季节的适当划分和模式分析是好的季节分析的关键。

分析了数据的趋势和季节性后，我们得到的合并结果将成为时间相关数据在未来遵循模式的预测器。

7.4 习题

1. 确定比特币价格趋势。

（a）现有 2010 年至 2017 年比特币价格的表格（以美元计算），如表 7-4 所示，确定这些价格的线性趋势线。每月的价格均指当月的第一天。

表 7-4

日期（年－月－日）	比特币价格（美元）
2010-12-01	0.23
2011-06-01	9.57
2011-12-01	3.06
2012-06-01	5.27
2012-12-01	12.56
2013-06-01	129.3
2013-12-01	946.92
2014-06-01	629.02
2014-12-01	378.64
2015-06-01	223.31
2015-12-01	362.73
2016-06-01	536.42
2016-12-01	753.25
2017-06-01	2452.18

数据来自 CoinDesk 网站。

（b）根据（a）部分的线性趋势线，2020 年比特币的预期价格是多少？

（c）讨论线性模型是否是预测比特币未来价格的一个好指标。

2. 电子商店的销售额。使用电子商店销售示例中的数据来预测 2019 年的每个月的销售额。

[分析]

1. [输入]

source_code/7/year_bitcoin.r

```
#Determining a linear trend line for Bitcoin
bitcoin_prices = data.frame(
    year = c(2010.91666666666,2011.41666666666,2011.91666666666,
2012.41666666666,2012.91666666666,2013.41666666666,
```

```
2013.91666666666,2014.41666666666,2014.91666666666,
2015.41666666666,2015.91666666666,2016.41666666666,
2016.91666666666,2017.41666666666),
   btc_price = c(0.23, 9.57, 3.06, 5.27, 12.56, 129.3, 946.92,
629.02,378.64, 223.31, 362.73, 536.42, 753.25, 2452.18)
)
model = lm(btc_price ~ year, data = bitcoin_prices)
print(model)
```

[输出]

$ Rscript year_bitcoin.r

```
Call:
lm(formula = btc_price ~ year, data = bitcoin_prices)
Coefficients:(Intercept)  year
               -431962.9 214.7
```

[趋势线]

从 Rscript 的输出结果中，我们发现比特币价格以美元为单位的线性趋势线是：

$$price = year * 214.7 - 431\,962.9$$

趋势线图如图 7-5 所示。

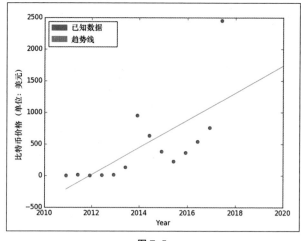

图 7-5

根据趋势线，2020 年 1 月 1 日比特币的预期价格为 1731.1 美元。

线性趋势线可能不是比特币的良好指标或价格预测器。这是因为许多因素在其中发挥作用，并且由于技术趋势中经常出现潜在指数增长性质，例如，Facebook 的活跃用户数和 1000 美元以内最佳消费级 CPU 的晶体管数。

有 3 个重要因素可以促进比特币交易呈指数增长，从而推动其价格上涨：

- 技术完备性（可扩展性）——即使有很多人使用比特币来进行支付和收款，也能确保每秒交易数即时转移；
- 稳定性——当卖家收到比特币支付的时候，如果他们不用担心损失利润，他们就更愿意接受这种货币；
- 用户友好性——普通用户能够自然地使用比特币进行付款，比特币的使用将和其他货币的使用一样，将不会有任何技术上的障碍。

要分析比特币的价格，我们不得不考虑使用更多的数据，这样它的价格可能不会遵循线性趋势。

2. 用这个例子中的 12 个公式（每个月一个）来预测 2019 年的每个月的销售额：

$$sales\_january = 1.279 \times (year + 0/12) - 2557.778 - 2.401$$
$$= 1.279 \times (2019 + 0/12) - 2557.778 - 2.401 = 22.122$$

$$sales\_february = 1.279 \times (2019 + 1/12) - 2557.778 - 1.358 = 23.272$$

$$sales\_march = 1.279 \times (2019 + 2/12) - 2557.778 - 0.464 = 24.272$$

$$sales\_april = 1.279 \times (2019 + 3/12) - 2557.778 - 0.608 = 24.234$$

$$sales\_may = 1.279 \times (2019 + 4/12) - 2557.778 - 0.165 = 24.784$$

$$sales\_june = 1.279 \times (2019 + 5/12) - 2557.778 - 0.321 = 24.735$$

$$sales\_july = 1.279 \times (2019 + 6/12) - 2557.778 - 0.003 = 25.160$$

$$sales\_august = 1.279 \times (2019 + 7/12) - 2557.778 - 0.322 = 24.947$$

$$sales\_september = 1.279 \times (2019 + 8/12) - 2557.778 - 0.116 = 25.259$$

$$sales\_october = 1.279 \times (2019 + 9/12) - 2557.778 + 0.090 = 25.572$$

$$sales\_november = 1.279 \times (2019 + 10/12) - 2557.778 + 1.833 = 27.422$$

$$sales\_december = 1.279 \times (2019 + 11/12) - 2557.778 + 3.552 = 29.247$$

趋势线如图 7-6 所示。

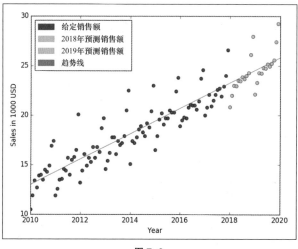

图 7-6

附录 A
统计

A.1 基本概念

A.1.1 注解

定义 $A \cap B$ 表示集合 A 和集合 B 的交集。交集是集合 A 和 B 的子集，包含同时存在于 A 和 B 里的所有元素，即 $A \cap B := \{ x : x$ 存在于 A 并且 x 存在于 $B \}$。

定义 $A \cup B$ 表示集合 A 和集合 B 的并集。并集完全包含了存在于集合 A 或者集合 B 的所有元素，即 $A \cup B := \{ x : x$ 存在于 A 或者 x 存在于 $B \}$。

定义 $A - B$ 或者 $A \backslash B$ 表示集合 A 和集合 B 的差集。差集是集合 A 的子集，包含所有存在于集合 A 但不存在于集合 B 的元素，即 $A - B := \{ x : x$ 存在于 A 并且 x 不存在于 $B \}$。

求和符号 $\sum$ 表示集合里所有成员之和，譬如：

$$\sum_{i=1}^{n} a_i = a_1 + a_2 + \ldots + a_n$$

A.1.2 术语和定义

- 总体：分析过程中使用的相似数据或项的集合。
- 样本：总体的一个子集。
- 集合的算数均值（平均数）：该集合的全部数值之和除以集合的大小。

- 中位数：一个有序集合的中间数值，比如说，当$x_1 < \cdots < x_{2k+1}$时，集合$\{x_1, \cdots, x_{2k+1}\}$的中位数是值$x_{k+1}$。
- 随机变量：把一组可能的结果对应到一组值（例如实数）的函数。
- 期望：随机变量的期望是由随机变量给定数值组成的递增集合的平均值极限。
- 方差：衡量总体分布的平均水平。在数学上，随机变量X的方差是随机变量X与它的平均值μ之差的平方的期望，即$\text{Var}(X) = E[(X - \mu)^2]$。
- 标准差：随机变量X的标准差是变量X的方差的平方根，即$\text{SD}(X) = \text{sqrt}(\text{Var}(X))$。
- 相关关系：随机变量之间相关性的度量。在数学上，对于随机变量X和Y，相关性被定义为$\text{corr}(X, Y) = E[(X - \mu X) * (Y - \mu Y)]/(\text{SD}(X) * \text{SD}(Y))$。
- 因果关系：用另一种现象的发生解释这种现象的发生的一种依赖关系。因果关系意味着相关性，但反之则不然。
- 斜率：在线性方程$y = a * x + b$中的变量a。
- 截距：在线性方程$y = a * x + b$中的变量b。

A.2　贝叶斯推理

$P(A)$、$P(B)$分别表示A、B发生的可能性。$P(A|B)$表示在B确定发生的情况下A发生的条件概率，$P(B|A)$则表示在A确定发生的条件下B发生的概率。那么，贝叶斯定理表示为：

$$P(A|B) = [P(B|A) * P(A)]/P(B)$$

A.3　分布

概率分布是把一组可能的结果对应到相应的概率集合的函数。

正态分布

许多自然现象的随机变量可以用正态分布进行建模。正态分布的概率密度为：

$$f(x|\mu,\sigma^2) = \frac{e^{\frac{-(x-\mu)^2}{2\sigma^2}}}{\sqrt{2\sigma^2\pi}}$$

这里，μ 是分布的均值，σ^2 是分布的方差。正态分布的图像类似于钟形曲线，例如，图 A-1 所示的是均值为 10、标准差为 2 的正态分布。

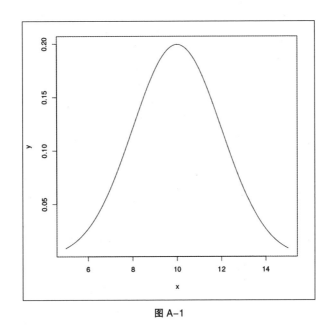

图 A-1

A.4 交叉验证

交叉验证是一种验证在数据预测中作出的假设的方法。在分析过程之初，数据被划分为学习数据和测试数据。基于学习数据建立和调整某一假设，然后在测试数据上测量假设的误差。用这种方法，我们可以预测一个假设在将会出现的数据中的表现。减少学习数据的数量最终也可能有帮助，因为它降低了假设过拟合的可能性——即假设被训练地迎合一个特殊的、小范围的数据子集。

K折交叉验证

原始数据被随机划分成 k 个包，其中一个包的数据用于验证，k-1 个包的数据用于假设的训练。

A.5 A/B 测试

A/B 测试是对数据的两个假设进行验证——通常是基于真实数据。然后，选择具有更好结果（预测误差更低）的假设作为未来数据的估计量。

附录 B
R参考

B.1　介绍

R 是一种专注于统计计算的编程语言。因此，它在统计、数据分析和数据挖掘方面很有用处。R 代码写在后缀为 .r 的文件中，可以用 Rscript 命令执行。

B.1.1　R的"Hello World"实例

一个基于 R 语言的简单例子，仅打印一行文本。

[输入]

source_code/appendix_b_r/example00_hello_world.r
```
print('Hello World!')
```

[输出]

$ Rscript example00_hello_world.r
```
[1] "Hello World!"
```

B.1.2　注释

注释不会被 R 执行。它以字符 # 开头，在行尾结束。

[输入]

source_code/appendix_b_r/example01_comments.r

```
print("This text is printed because the print statement is executed")
#这是一句注释，不会被执行
#print("Even commented statements are not executed.")
print("But the comment finished with the end of the line.")
print("So the 4th and 5th line of the code are executed again.")
```

[输出]

$ Rscript example01_comments.r

```
[1] "This text will be printed because the print statemnt is
executed"
[1] "But the comment finished with the end of the line."
[1] "So the 4th and 5th line of the code are executed again."
```

B.2　数据类型

R 的一些有效数据类型如下所示。

- 数字数据类型：整型、数值型。
- 文本数据类型：字符串型。
- 复合数据类型：向量、列表、数据框。

B.2.1　整数型

整数数据类型只能存储整数值。

[输入]

source_code/appendix_b_r/example02_int.r
```
#整数变量的后缀为L
rectangle_side_a = 10L
rectangle_side_b = 5L
rectangle_area = rectangle_side_a * rectangle_side_b
rectangle_perimeter = 2*(rectangle_side_a + rectangle_side_b)
#命令cat就像print一样可用于命令行输出
cat("Let there be a rectangle with the sides of lengths:",
rectangle_side_a, "and", rectangle_side_b, "cm.\n")
cat("Then the area of the rectangle is", rectangle_area, "cm
squared.\n")
cat("The perimeter of the rectangle is", rectangle_perimeter,
"cm.\n")
```

[输出]

$ Rscript example02_int.r
```
Let there be a rectangle with the sides of lengths: 10 and 5 cm.
Then the area of the rectangle is 50 cm squared.
The perimeter of the rectangle is 30 cm.
```

B.2.2 数值型

数值数据类型也可以存储非整数的有理数值。

[输入]

source_code/appendix_b_r/example03_numeric.r
```
pi = 3.14159
circle_radius = 10.2
circle_perimeter = 2 * pi * circle_radius
circle_area = pi * circle_radius * circle_radius
cat("Let there be a circle with the radius", circle_radius, "cm.\n")
cat("Then the perimeter of the circle is", circle_perimeter, "cm.\n")
cat("The area of the circle is", circle_area, "cm squared.\n")
```

[输出]

$ Rscript example03_numeric.r
```
Let there be a circle with the radius 10.2 cm.
Then the perimeter of the circle is 64.08844 cm.
The area of the circle is 326.851 cm squared.
```

B.2.3 字符串

字符串变量可以用于存储文本。

[输入]

source_code/appendix_b_r/example04_string.r
```
first_name = "Satoshi"
last_name = "Nakamoto"
#使用命令paste执行字符串连接
full_name = paste(first_name, last_name, sep = " ", collapse = NULL)
cat("The invertor of Bitcoin is", full_name, ".\n")
```

[输出]

$ Rscript example04_string.r
```
The invertor of Bitcoin is Satoshi-Nakamoto.
```

B.2.4　列表和向量

R 的列表和向量写在含有前缀字母 c 的括号里，它们可以互换使用。

[输入]

source_code/appendix_b_r/example05_list_vector.r

```
some_primes = c(2, 3, 5, 7)
cat("The primes less than 10 are:", some_primes,"\n")
```

[输出]

$ Rscript example05_list_vector.r
```
The primes less than 10 are: 2 3 5 7
```

B.2.5　数据框

数据框是等长的向量的集合。

[输入]

source_code/appendix_b_r/example06_data_frame.r

```
temperatures = data.frame(
  fahrenheit = c(5,14,23,32,41,50),
  celsius = c(-15,-10,-5,0,5,10)
)
print(temperatures)
```

[输出]

$ Rscript example06_data_frame.r
```
  fahrenheit  celsius
1          5      -15
2         14      -10
3         23       -5
4         32        0
5         41        5
6         50       10
```

B.3　线性回归

R 配有命令 lm 以适应线性模型：

[输入]

source_code/appendix_b_r/example07_linear_regression.r

```
temperatures = data.frame(
    fahrenheit = c(5,14,23,32,41,50),
    celsius = c(-15,-10,-5,0,5,10)
)
model = lm(celsius ~ fahrenheit, data = temperatures)
print(model)
```

[输出]

$ Rscript example07_linear_regression.r
Call:
lm(formula = celsius ~ fahrenheit, data = temperatures)
Coefficients:
(Intercept)   fahrenheit
  -17.7778   0.5556

附录 C
Python参考

C.1 介绍

Python 是一种通用的编程和脚本语言。它的简单性和丰富的库使得快速开发一个符合现代技术需求的应用成为可能。Python 代码写在后缀为 .py 文件中，可以用命令 python 执行。

C.1.1 Python的"Hello World"实例

以下为一个基于 Python 的简单程序，仅打印一行文本。
[输入]

source_code/appendix_c_python/example00_helloworld.py
```
print "Hello World!"
```

[输出]

$ python example00_helloworld.py
```
Hello World!
```

C.1.2 注释

注释不会被 Python 执行。它以字符 # 开头，以行尾结束。
[输入]

 # source_code/appendix_c_python/example01_comments.py

```
print "This text will be printed because the print statement is
executed."
#这只是一个注释，不会被执行
#print "Even commented statements are not executed."
print "But the comment finished with the end of the line."
print "So the 4th and 5th line of the code are executed again."
```

[输出]

```
$ python example01_comments.py
This text will be printed because the print statement is executed
But the comment finished with the end of the line.
So the 4th and 5th line of the code are executed again.
```

C.2 数据类型

Python 的一些有效数据类型如下所示。

- 数字数据类型：整型、浮点型。
- 文本数据类型：字符串型。
- 复合数据类型：元组、列表、集合、字典。

C.2.1 整型

整数数据类型只能存储整数值。

[输入]

```
# source_code/appendix_c_python/example02_int.py
rectangle_side_a = 10
rectangle_side_b = 5
rectangle_area = rectangle_side_a * rectangle_side_b
rectangle_perimeter = 2*(rectangle_side_a + rectangle_side_b)
print "Let there be a rectangle with the sides of lengths:"
print rectangle_side_a, "and", rectangle_side_b, "cm."
print "Then the area of the rectangle is", rectangle_area, "cm
squared."
print "The perimeter of the rectangle is", rectangle_perimeter, "cm."
```

[输出]

```
$ python example02_int.py
Let there be a rectangle with the sides of lengths: 10 and 5 cm.
```

```
Then the area of the rectangle is 50 cm squared.
The perimeter of the rectangle is 30 cm.
```

C.2.2　浮点型

浮点数据类型也可以存储非整数的有理数值。

[输入]

 # source_code/appendix_c_python/example03_float.py
```
pi = 3.14159
circle_radius = 10.2
circle_perimeter = 2 * pi * circle_radius
circle_area = pi * circle_radius * circle_radius
print "Let there be a circle with the radius", circle_radius, "cm."
print "Then the perimeter of the circle is", circle_perimeter, "cm."
print "The area of the circle is", circle_area, "cm squared."
```

[输出]

$ python example03_float.py
```
Let there be a circle with the radius 10.2 cm.
Then the perimeter of the circle is 64.088436 cm.
The area of the circle is 326.8510236 cm squared.
```

C.2.3　字符串

字符串变量可以用于存储文本。

[输入]

 # source_code/appendix_c_python/example04_string.py
```
first_name = "Satoshi"
last_name = "Nakamoto"
full_name = first_name + " " + last_name
print "The inventor of Bitcoin is", full_name, "."
```

[输出]

$ python example04_string.py
```
The inventor of Bitcoin is Satoshi Nakamoto.
```

C.2.4　元组

元组数据类型类似于数学中的向量。例如，tuple = (integer_number, float_number)。

[输入]

 # source_code/appendix_c_python/example05_tuple.py
```
import math

point_a = (1.2,2.5)
point_b = (5.7,4.8)
#math.sqrt 计算浮点数的平方根
#math.pow 计算浮点数的幂
segment_length = math.sqrt(
        math.pow(point_a[0] - point_b[0], 2) +
        math.pow(point_a[1] - point_b[1], 2))
print "Let the point A have the coordinates", point_a, "cm."
print "Let the point B have the coordinates", point_b, "cm."
print "Then the length of the line segment AB is", segment_length, "cm."
```

[输出]

$ python example05_tuple.py
```
Let the point A have the coordinates (1.2, 2.5) cm.
Let the point B have the coordinates (5.7, 4.8) cm.
Then the length of the line segment AB is 5.0537115074 cm.
```

C.2.5 列表

Python 中的列表指的是一组有序的数值集合。

[输入]

 # source_code/appendix_c_python/example06_list.py
```
some_primes = [2, 3]
some_primes.append(5)
some_primes.append(7)
print "The primes less than 10 are:", some_primes
```

[输出]

$ python example06_list.py
```
The primes less than 10 are: [2, 3, 5, 7]
```

C.2.6 集合

Python 中的集合指的是一组无序的数值集合。

[输入]

 # source_code/appendix_c_python/example07_set.py

```
from sets import Set
boys = Set(['Adam', 'Samuel', 'Benjamin'])
girls = Set(['Eva', 'Mary'])
teenagers = Set(['Samuel', 'Benjamin', 'Mary'])
print 'Adam' in boys
print 'Jane' in girls
girls.add('Jane')
print 'Jane' in girls
teenage_girls = teenagers & girls #intersection
mixed = boys | girls #union
non_teenage_girls = girls - teenage_girls #difference
print teenage_girls
print mixed
print non_teenage_girls
```

[输出]

$ python example07_set.py

```
True
False
True
Set(['Mary'])
Set(['Benjamin', 'Adam', 'Jane', 'Eva', 'Samuel', 'Mary'])
Set(['Jane', 'Eva'])
```

C.2.7　字典

字典是一种数据结构，可以根据键存储数值。

[输入]

 # source_code/appendix_c_python/example08_dictionary.py

```
dictionary_names_heights = {}
dictionary_names_heights['Adam'] = 180.
dictionary_names_heights['Benjamin'] = 187
dictionary_names_heights['Eva'] = 169
print 'The height of Eva is', dictionary_names_heights['Eva'], 'cm.'
```

[输出]

$ python example08_dictionary.py

```
The height of Eva is 169 cm.
```

C.3 控制流

条件语句,即我们可以使用 if 语句,让某段代码只在特定条件被满足的情况下被执行。如果特定条件没有被满足,我们可以执行 else 语句后面的代码。如果第一个条件没有被满足,我们可以使用 elif 语句设置代码被执行的下一个条件。

[输入]

```python
# source_code/appendix_c python/example09_if_else_elif.py
x = 10
if x == 10:
        print 'The variable x is equal to 10.'

if x > 20:
        print 'The variable x is greater than 20.'

else:
        print 'The variable x is not greater than 20.'

if x > 10:
        print 'The variable x is greater than 10.'
elif x > 5:
        print 'The variable x is not greater than 10, but greater ' + 'than 5.'
else:
        print 'The variable x is not greater than 5 or 10.'
```

[输出]

```
$ python example09_if_else_elif.py
The variable x is equal to 10.
The variable x is not greater than 20.
The variable x is not greater than 10, but greater than 5.
```

C.3.1 for循环

for 循环可以实现迭代某些集合元素中的每一个元素的功能,例如,range 集合、列表。

C3.1.1 range 的 for 循环

[输入]

source_code/appendix_c python/example10_for_loop_range.py

```
print "The first 5 positive integers are:"
for i in range(1,6):
        print i
```

[输出]

$ python example10_for_loop_range.py
```
The first 5 positive integers are:
1
2
3
4
5
```

C3.1.2　列表的 for 循环

[输入]

source_code/appendix_c_python/example11_for_loop_list.py
```
primes = [2, 3, 5, 7, 11, 13]
print 'The first', len(primes), 'primes are:'
for prime in primes:
        print prime
```

[输出]

$ python example11_for_loop_list.py
```
The first  6 primes are:
2
3
5
7
11
13
```

C3.1.3　break 和 continue

for 循环可以通过语句 break 提前中断。for 循环的剩余部分可以使用语句 continue 跳过。

[输入]

source_code/appendix_c_python/example12_break_continue.py
```
for i in range(0,10):
```

```
        if i % 2 == 1: #remainder from the division by 2
                continue
        print 'The number', i, 'is divisible by 2.'
for j in range(20,100):
        print j
        if j > 22:
                break;
```

[输出]

$ python example12_break_continue.py
```
The number 0 is divisible by 2.
The number 2 is divisible by 2.
The number 4 is divisible by 2.
The number 6 is divisible by 2.
The number 8 is divisible by 2.
20
21
22
23
```

C.3.2　函数

Python 支持函数。函数是一种定义一段可在程序中多处被执行的代码的好方法。我们可使用关键词 def 定义一个函数。

[输入]

source_code/appendix_c_python/example13_function.py
```
def rectangle_perimeter(a, b):
        return 2 * (a + b)

print 'Let a rectangle have its sides 2 and 3 units long.'
print 'Then its perimeter is', rectangle_perimeter(2, 3), 'units.'
print 'Let a rectangle have its sides 4 and 5 units long.'
print 'Then its perimeter is', rectangle_perimeter(4, 5), 'units.'
```

[输出]

$ python example13_function.py
```
Let a rectangle have its sides 2 and 3 units long.
Then its perimeter is 10 units.
Let a rectangle have its sides 4 and 5 units long.
Then its perimeter is 18 units.
```

C.3.3　程序参数

程序可以通过命令行传递参数。

[输入]

source_code/appendix_c_python/example14_arguments.py
```
#引入系统库以使用命令行参数列表
import sys

print 'The number of the arguments given is', len(sys.argv),'arguments.' print 'The argument list is ', sys.argv, '.'
```

[输出]

```
$ python example14_arguments.py arg1 110
The number of the arguments given is 3 arguments.
The argument list is ['example14_arguments.py', 'arg1', '110'].
```

C.3.4　文件读写

下面程序将向文件 test.txt 写入两行文字，然后读取它们，最后将其打印到输出中。

[输入]

 # source_code/appendix_c_python/example15_file.py
```
#写入文件"test.txt"
file = open("test.txt","w")
file.write("first line\n")
file.write("second line")
file.close()

#read the file
file = open("test.txt","r")
print file.read()
```

[输出]

```
$ python example15_file.py
first line
second line
```

附录 D
数据科学中的算法和方法术语

- k最近邻算法：一种预测未知数据项的算法，未知数据项（的值）近似于其 k 个最近邻居的多数值。
- 朴素贝叶斯分类器：使用关于条件概率的贝叶斯定理，即 $P(A|B)=(P(B|A) * P(A))/P(B)$，来分类数据项的一种方法，假设数据的特定变量之间相互独立。
- 决策树：一种模型，根据树上的分支与实际数据项之间的匹配属性，将数据项分类到叶子节点中的一个类中。
- 随机决策树：决策树的一种，其中的每个分支在构建时仅使用可用变量的随机子集。
- 随机森林：基于有放回抽取的数据随机子集构建的随机决策树集合，数据项被归类给这些树投票最多的类。
- k-means算法：一种聚类算法，将数据集划分为 k 个组，组内的每个成员尽可能地相似，也就是说，每个成员距离彼此最近。
- 回归分析：一种预测函数模型中未知参数的方法，根据输入变量预测输出变量，例如预测线性模型 $y = a * x + b$ 中的 a 和 b。
- 时间序列分析：对依赖于时间的数据的分析，主要包括趋势分析和季节性分析。
- 支持向量机（SVM）：一种分类算法，用于寻找将训练数据分成特定类别的超平面，然后用超平面划分从而对数据进行进一步分类。
- 主成分分析（PCA）：对给定数据的各个组成部分进行预处理，以达到更高的准确率，例如，根据输入向量对最终结果的影响程度，对输入向量中的变量进行重新缩放。

- 文本挖掘：对文本的搜索和提取，以及用于数据分析的数值型数据的转换。
- 神经网络：一种机器学习算法，由简单分类器网络组成，根据输入数据或网络中其他分类器的结果作出决策。
- 深度学习：神经网络提升其学习过程的能力。
- Apriori 关联规则：可以在训练数据中观察到的规则，并且根据这个规则对未来数据进行分类。
- PageRank：一种搜索算法，在给定搜索关键字的情况下，从最相关的搜索结果中搜索那些具有最大入链数的结果，它为这些结果赋予最大的相关性。在数学术语中，网页排名计算出了代表这些相关度量的某个特征向量。
- 集成学习：一种使用不同的学习算法得到最终结论的学习方法。
- 装袋法：一种分类数据项的方法。分类器在训练数据的随机子集上进行训练，然后根据这些分类器投票表决的结果来分类数据。
- 遗传算法：受遗传过程启发的机器学习算法，例如，对有着更高精度的分类器的进化过程进一步进行训练。
- 归纳推理：学习生成实际数据的规则的机器学习方法。
- 贝叶斯网络：表示随机变量及其条件依赖关系的图模型。
- 奇异值分解：一种矩阵分解，也是特征分解的一种推广，用于最小二乘法。
- 提升算法：一种机器学习的元算法，基于分类器集合作出预测来降低预测中的方差。
- 期望最大化：用于搜索能最大化模型预测准确率的模型参数的迭代方法。